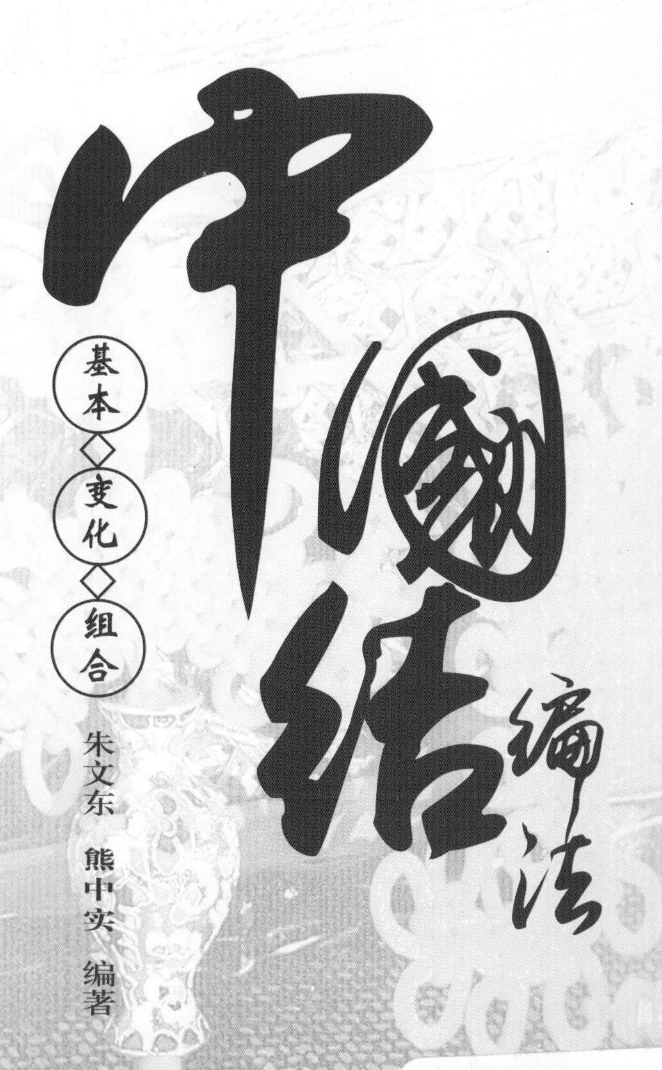

中國結編法

基本◇变化◇组合

朱文东 熊中实 编著

中国建材工业出版社

图书在版编目（CIP）数据

中国结编法/朱文东，熊中实编著．—北京：中国建材工业出版社，2005．8（2014.12重印）
ISBN 978-7-80159-685-7

Ⅰ．中… Ⅱ．①朱… ②熊… Ⅲ．绳结-基本知识-中国 Ⅳ．TS935．5

中国版本图书馆CIP数据核字（2005）第083461号

内 容 简 介

本书主要内容分为：基本篇7种；变化篇55种；组合篇28种。全书以直观、形象的结饰图片、一步步的图示步骤和简炼通俗的文字说明，将中国结的基本编法及其变化规律展现给读者。全书版式设计古朴、典雅又不失现代感，突出了欣赏性、操作性和收藏性特点，是喜欢中国结的读者看了易懂、易操作的工具书。

中国结编法（基本·变化·组合）

朱文东 熊中实 编著

出版发行：中国建材工业出版社
地　　址：北京市海淀区三里河路1号
邮　　编：100044
经　　销：全国各地新华书店
印　　刷：北京印刷集团有限责任公司印刷二厂
开　　本：787mm×1092mm 1/16
印　　张：6
字　　数：84千字
版　　次：2005年9月第1版
印　　次：2014年12月第3次
定　　价：45.80元

本社网址：www.jccbs.com.cn　　微信公众号：zgjcgycbs
本书如出现印装质量问题，由我社市场营销部负责调换。联系电话：（010）88386906

[出版说明]

生活就在你手中……

《中国结编法》一书自2001年7月出版以来，又陆续出版了《中国结编法（续）》和《中国结编法（续2）》。喜爱中国结的读者普遍反映该系列丛书看得懂、易操作、很实用，并希望我们能再补充一些中国结新的编法，使之更丰富、更全面、更时尚。

鉴于此，我们在认真地进行了分析比较之后，对本书作了补充、修订和完善，在结构体系上作了调整、编排。全书分为基本篇、变化篇和组合篇。基本篇中保留了最基础的7种，增加了3种；变化篇对这几种基本结进行了延伸、变化，介绍了6种变化系列共55种，如盘长结变化系列20种，酢浆草结变化系列9种，团锦结变化系列5种，宝结变化系列5种，戒箍结变化系列6种和饰物系列10种；组合篇分为挂饰、车饰、钥匙链和首饰等28种。全书以直观、形象的结饰图片、编法图示和简炼通俗的文字，将中国结的基本编法及其变化规律编辑成册，展现给读者，目的是为了激发大家对编中国结的广泛兴趣。

全书每款式样都由我们编结而成，并将编法用计算机绘制出来，编法图示清晰、明了，使大家一看就懂、一学就会。全书版式设计古朴、典雅又不失现代感，突出了欣赏性、操作性和收藏性等特点。

在编写此书中，特请中国书法家协会青年书法家李贺林题写了书名，刘广兰、张秀荣和吕玲编了结，在此表示衷心的感谢！

编著者

2005年6月

目录 Content

中國結
編法

基
本

【平方结】

材料：4号绳30厘米长2根。

用途：可用于装饰，也可用于两绳的连接。

编法：

（1）如图所示，摆好A绳。

（2）A绳从环中穿出。

（3）B绳从A绳的环中做挑、压动作，穿出。

（4）B绳按图所示，弯曲穿插。

（5）B绳按图所示，继续弯曲穿插。

（6）B绳按图所示，做挑、压动作，穿出。

（7）分别整形，拉紧。

（8）即成。

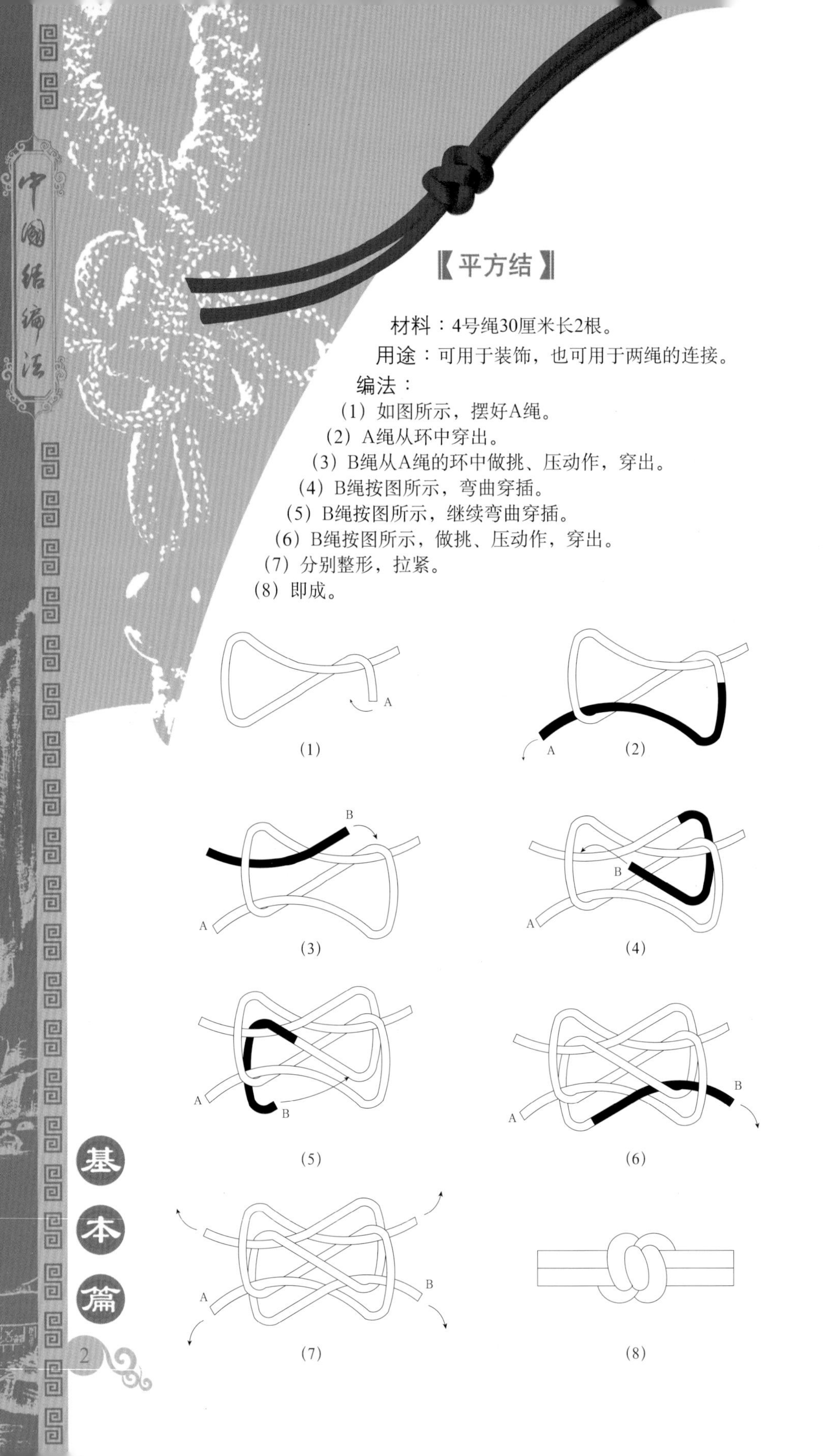

【酢浆草结】（四耳）

材料：4号绳30厘米长1根。

用途：此结是中国结中最基本结之一。因为它用一个绳头穿插编结，所以在编外耳时，都可以再编酢浆草结，以增加结的变化。

编法：

（1）如图所示，B端从A端中穿出。

（2）B端做挑、压动作，穿出。

（3）B端继续做挑、压动作，穿出。

（4）分别向三个外耳、A及B端的方向整形，拉紧。

（5）即成。

A B

(1)

A B

(2)

A B

(3)

A B

(4)

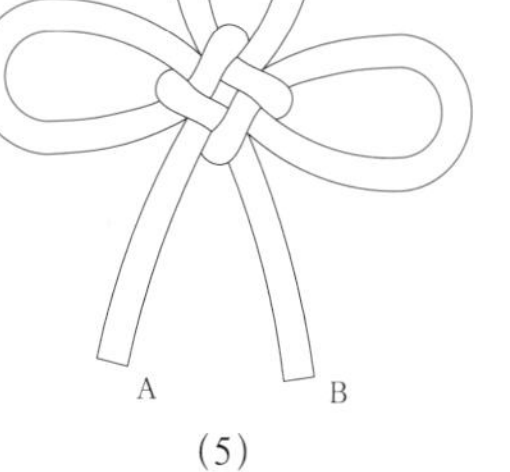

(5)

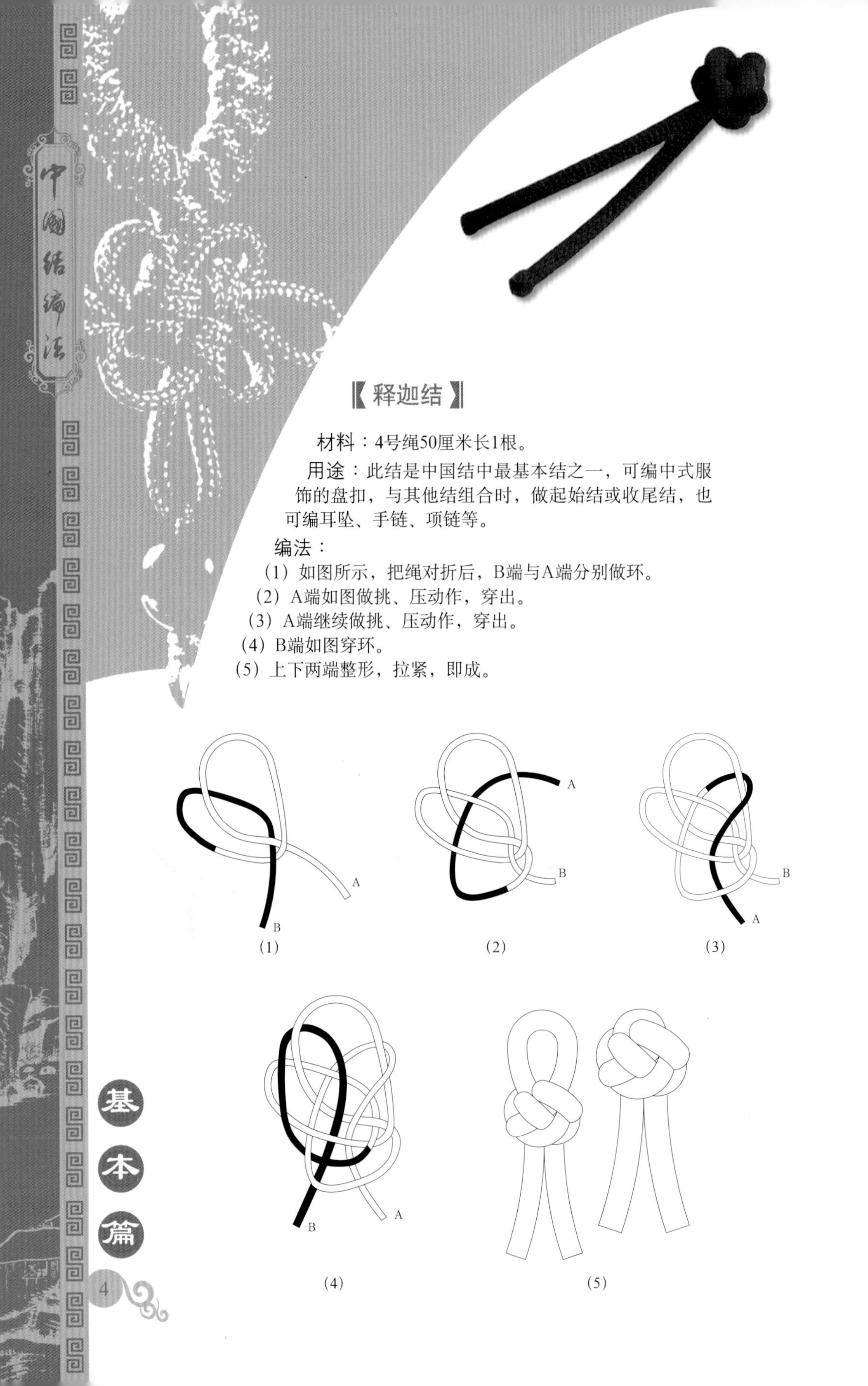

【释迦结】

材料：4号绳50厘米长1根。

用途：此结是中国结中最基本结之一，可编中式服饰的盘扣，与其他结组合时，做起始结或收尾结，也可编耳坠、手链、项链等。

编法：

（1）如图所示，把绳对折后，B端与A端分别做环。

（2）A端如图做挑、压动作，穿出。

（3）A端继续做挑、压动作，穿出。

（4）B端如图穿环。

（5）上下两端整形，拉紧，即成。

【双钱结】（四耳）

材料：4号绳40厘米长1根。

用途：可编手链、项链、挂饰等。

编法：

(1) 如图所示，B端绕A端做环。

(2) A端按图做挑、压动作，穿出。

(3) 整形，拉紧。

(4) 即成。

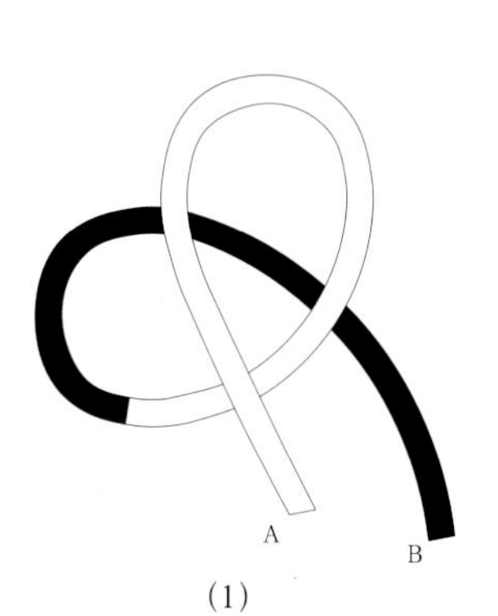

(1)

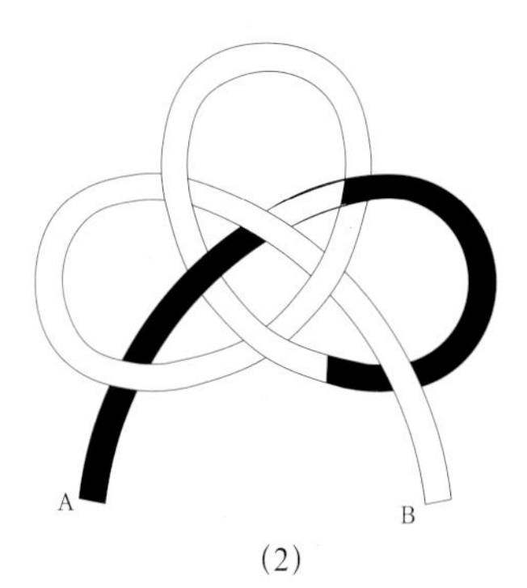

(2)

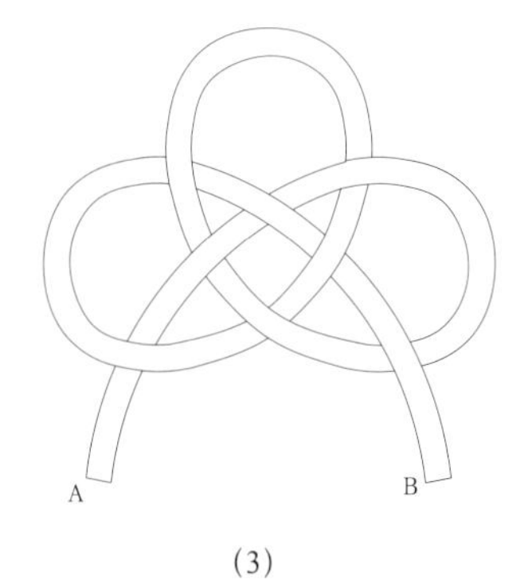

(3)

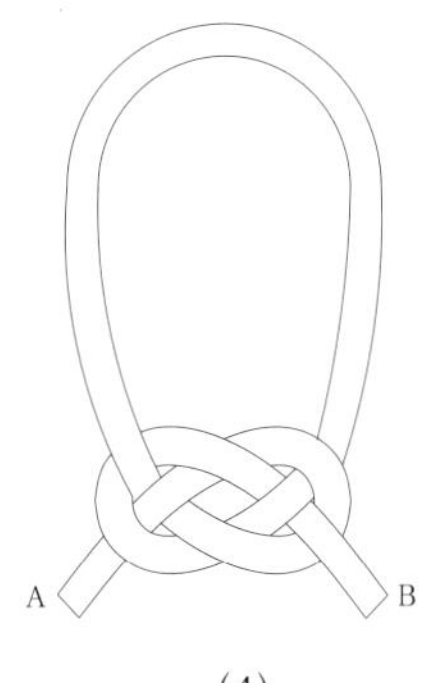

(4)

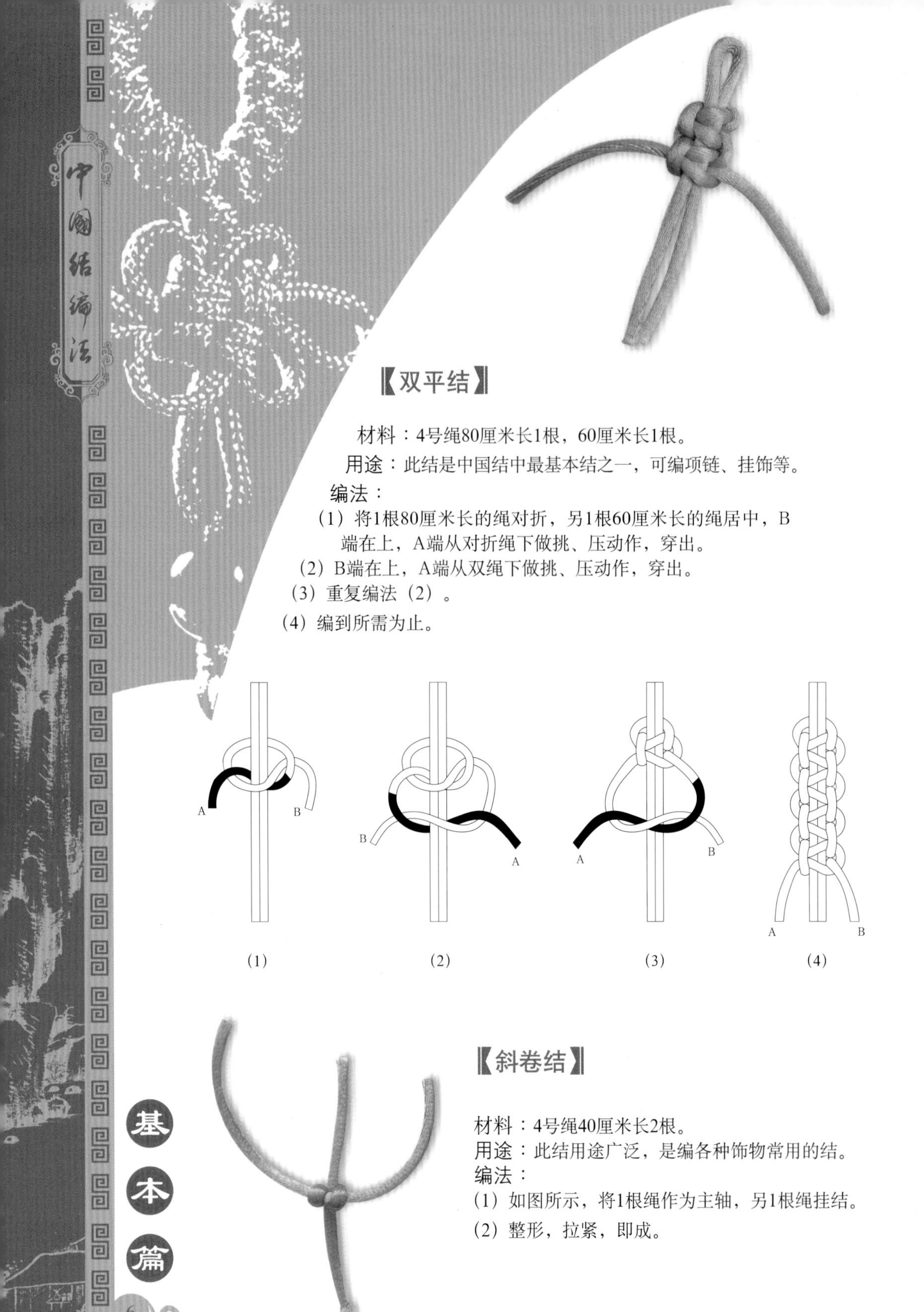

【双平结】

材料：4号绳80厘米长1根，60厘米长1根。

用途：此结是中国结中最基本结之一，可编项链、挂饰等。

编法：

（1）将1根80厘米长的绳对折，另1根60厘米长的绳居中，B端在上，A端从对折绳下做挑、压动作，穿出。

（2）B端在上，A端从双绳下做挑、压动作，穿出。

（3）重复编法（2）。

（4）编到所需为止。

【斜卷结】

材料：4号绳40厘米长2根。

用途：此结用途广泛，是编各种饰物常用的结。

编法：

（1）如图所示，将1根绳作为主轴，另1根绳挂结。

（2）整形，拉紧，即成。

(1)　(2)

【双扣结】

材料：4号绳40厘米长1根。

用途：此结是中国结中最基本结之一，可与其他结组合，做起始或收尾之用。

编法：

(1) 将绳对折后，A端从B端往前，压A端穿环。

(2) B端压A端往后做环，穿出。

(3) 整形，拉紧，即成。

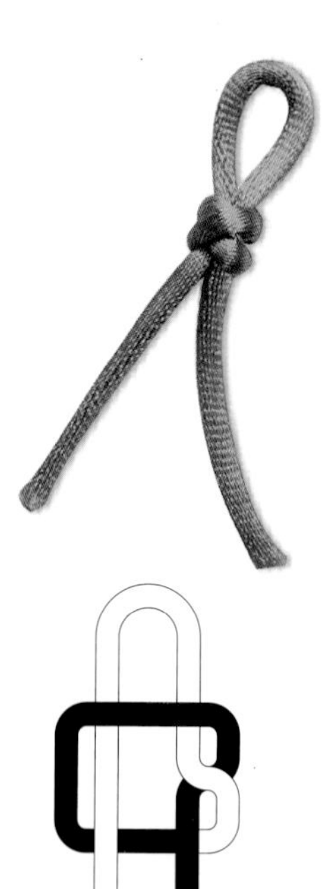

(1)

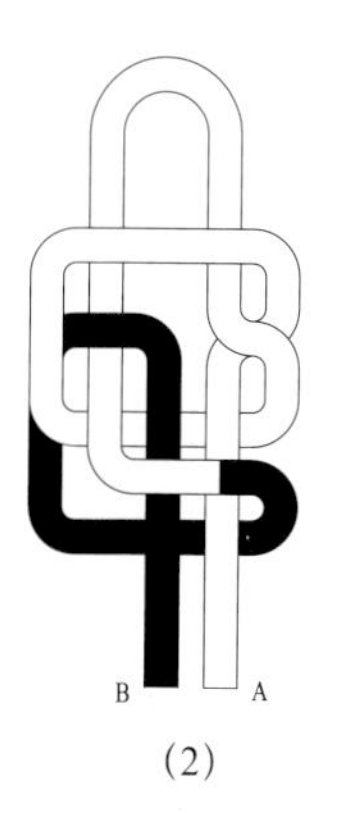

(2)

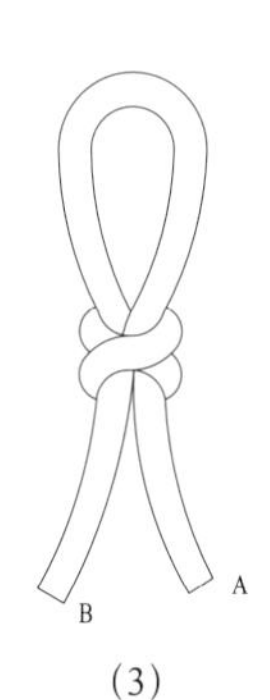

(3)

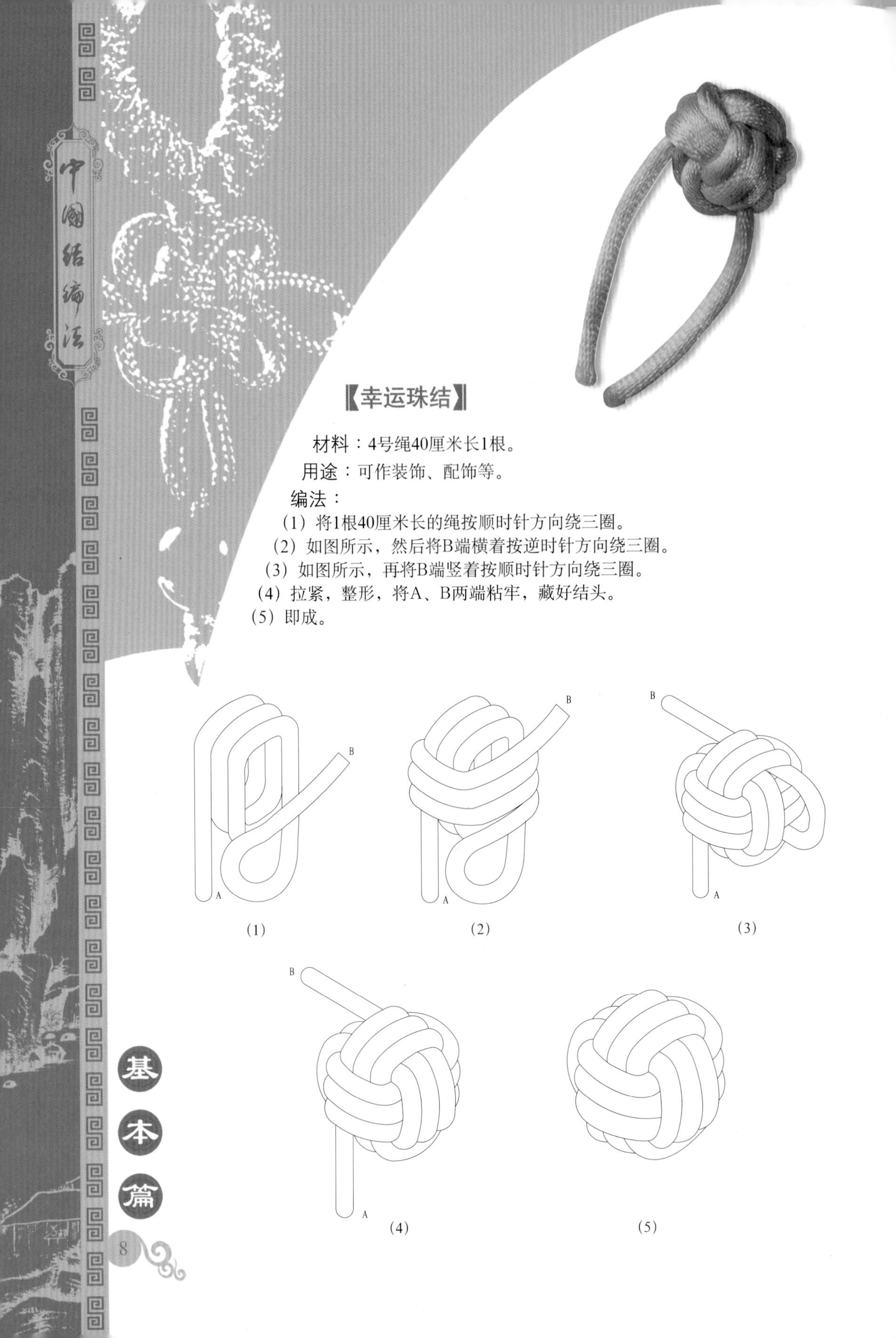

【幸运珠结】

材料：4号绳40厘米长1根。

用途：可作装饰、配饰等。

编法：

（1）将1根40厘米长的绳按顺时针方向绕三圈。

（2）如图所示，然后将B端横着按逆时针方向绕三圈。

（3）如图所示，再将B端竖着按顺时针方向绕三圈。

（4）拉紧，整形，将A、B两端粘牢，藏好结头。

（5）即成。

【团锦结】（六耳）

材料：4号绳60厘米长1根。

用途：与其他结组合，可作挂饰等。

编法：

(1) 如图所示，将B端穿过7、8内环，形成外耳2。

(2) 如图所示，将B端穿过8、9内环，形成外耳3。

(3) 如图所示，将B端穿过9、10内环，形成外耳4。

(4) 如图所示，将B端穿过10、11内环，形成外耳5。

(5) 整形，拉紧，即成。

【宝结】（三宝三套）

材料：4号绳50厘米长1根。

用途：与其他结组合，编挂饰等饰物。

编法：

（1）如图所示，做1、2、3套。

（2）4套进3、2、1套；5套进2、1套；6套进1套。

（3）7套进6、5、4套，包3、2、1套；8套进5、4套，包2、1套；9套进4套，包1套。整形，拉紧，即成。

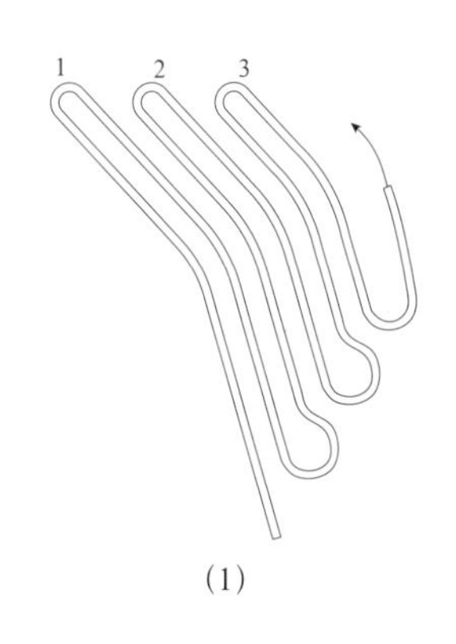

(1)

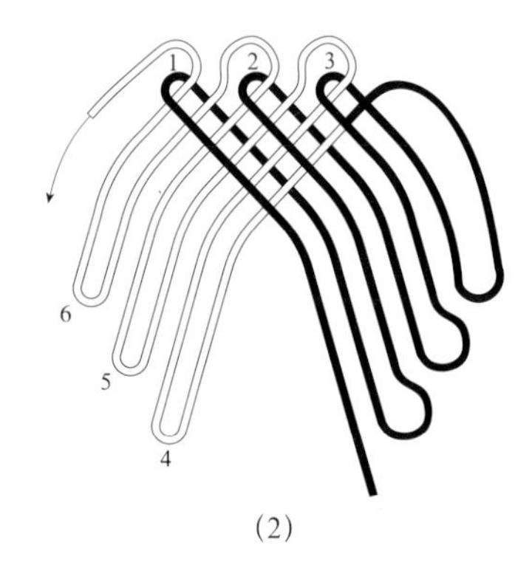

(2)

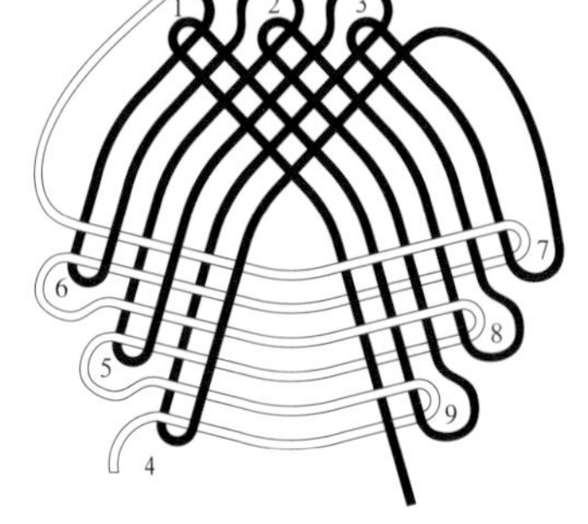

(3)

中國结编法
变
化

【二回盘长结】

材料：5号绳80厘米长1根。

用途：此结由酢浆草结变化而来，用途较广，与其他结组合，可做挂饰等。

编法：

（1）如图所示，A端做挑、压动作。

（2）如图所示，B端做包套动作。

（3）B端继续做包套动作。

（4）B端做挑一压三、挑一压三，挑二压一、挑三压一、挑一动作，穿出。

（5）B端重复编法（4），穿出。

（6）拔掉大头针，整形，拉紧。

（7）即成。

注：初学者编此结时，可取一块海绵，用大头针将绳固定在海绵上，并用镊子带着绳穿环。

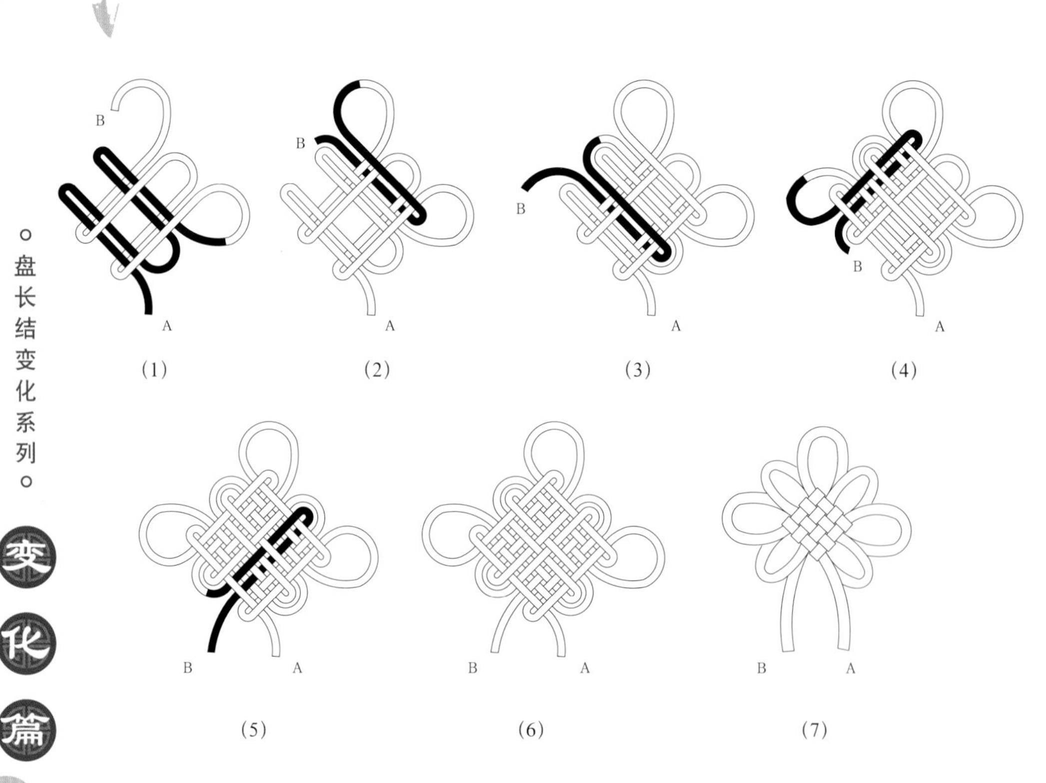

【三回盘长结】

材料：5号绳120厘米长1根。

用途：与其他结组合，可做挂饰等。

编法：

（1）如图所示，将绳用大头针固定在海绵上，用镊子夹着A端做挑、压动作（三回），穿出。

（2）如图所示，B端做包套动作（三回），穿出。

（3）B端做挑一压三、挑一压三、挑一压三，挑二压一、挑三压一、挑一动作（三回），穿出。

（4）拔掉大头针，整形，拉紧。

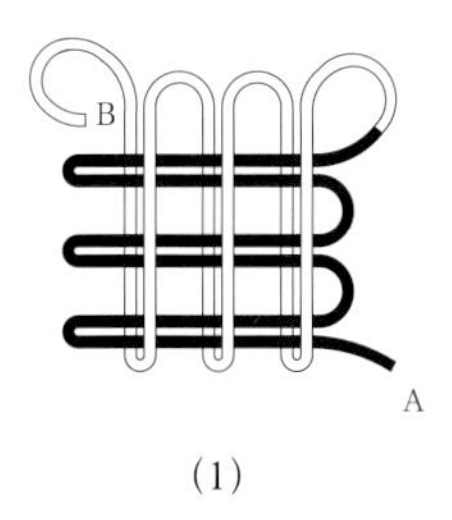

(1)

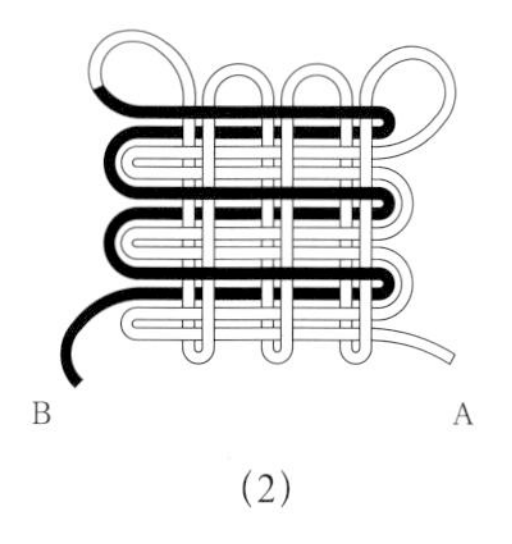

(2)

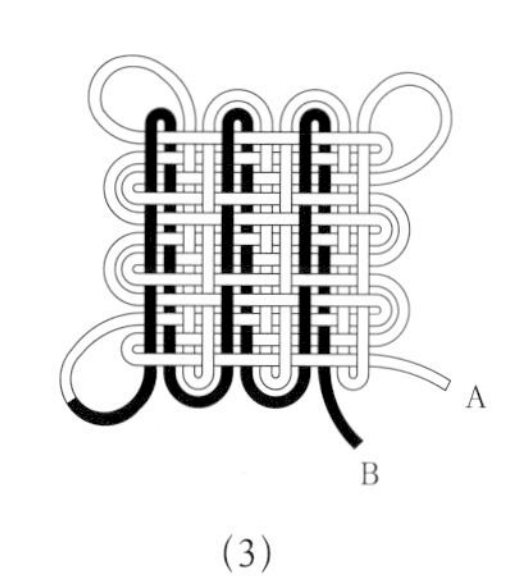

(3)

(4)

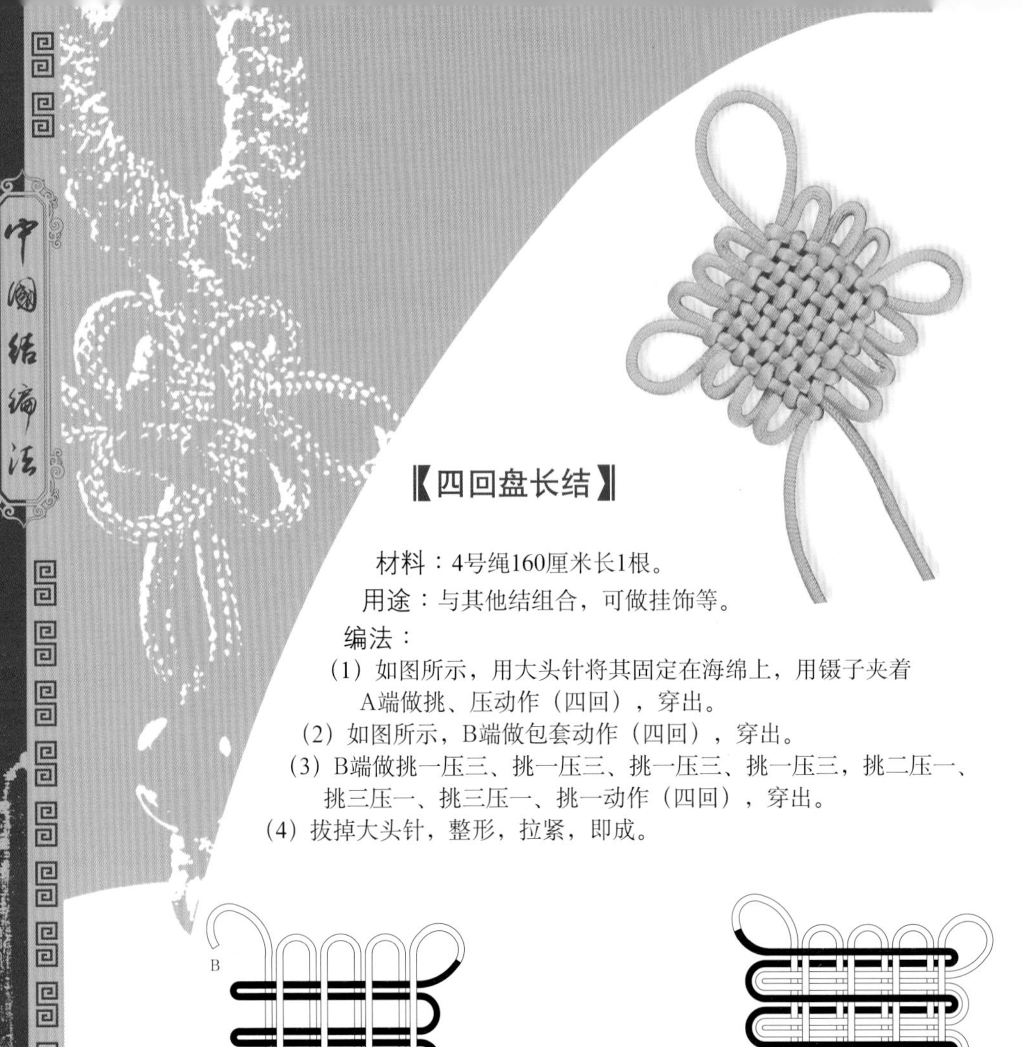

【四回盘长结】

材料：4号绳160厘米长1根。

用途：与其他结组合，可做挂饰等。

编法：

（1）如图所示，用大头针将其固定在海绵上，用镊子夹着A端做挑、压动作（四回），穿出。

（2）如图所示，B端做包套动作（四回），穿出。

（3）B端做挑一压三、挑一压三、挑一压三、挑一压三，挑二压一、挑三压一、挑三压一、挑一动作（四回），穿出。

（4）拔掉大头针，整形，拉紧，即成。

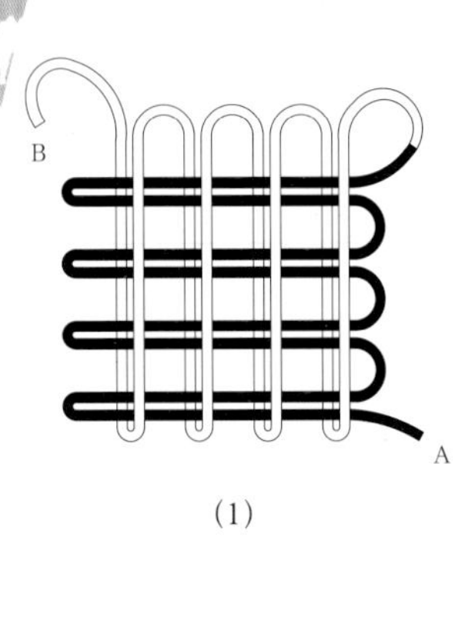

(1)

(2)

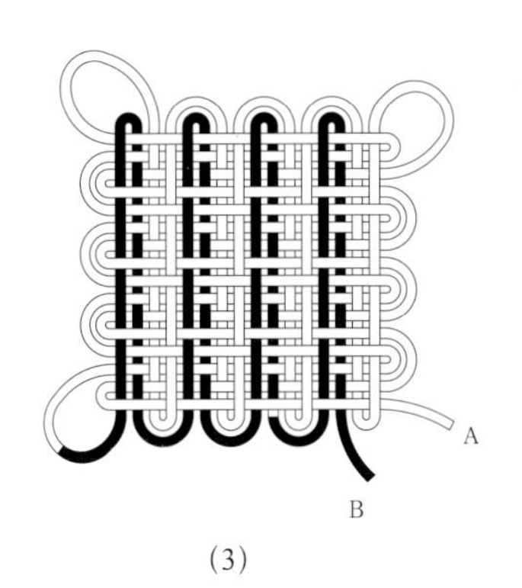

(3)

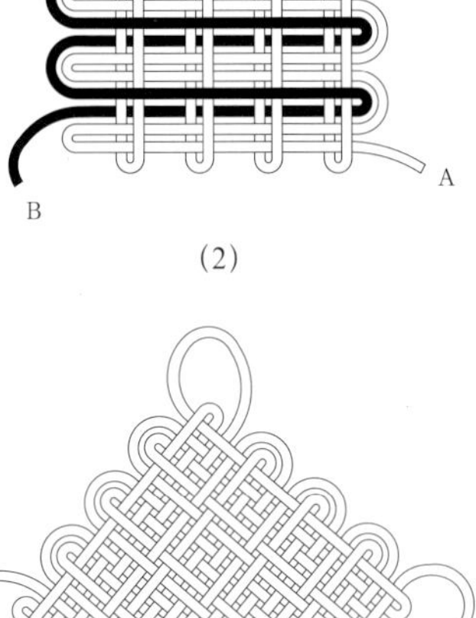

(4)

○盘长结变化系列○

〖单耳复翼盘长结〗

材料：4号绳180厘米长1根。

用途：此结是中国结中最基本结之一，与其他结组合，可做挂饰等。

编法：

（1）如图所示，用大头针将其固定在海绵上，B端做挑一压一、挑一压一动作，穿出。

（2）如图所示，B端做包套动作，穿出。

（3）B端做挑一压一、挑一压一、挑一压一动作（二回），穿出。

（4）A端做包套动作（二回），穿出。

（5）A端做挑一压一、挑一压三、挑一压三，挑二压一、挑三压一、挑一压一、挑一动作，穿出。

（6）A端做压三挑一、压四，挑五压一、挑二动作，穿出。

（7）A端做挑一压三、挑一压三、挑一压三，挑二压一、挑三压一、挑三压一、挑一动作（二回），穿出。

（8）拔掉大头针，整形，拉紧，即成。

(1) (2) (3) (4) (5) (6) (7) (8)

【双耳复翼盘长结】

材料：5号绳240厘米长1根。

用途：与其他结组合，可做挂饰等。

编法：

(1) 如图所示，用大头针将其固定在海绵上，B端做挑一压一、挑一压一、挑一压一动作，穿出。

(2) 如图所示，B端做包套动作，穿出。

(3) B端做挑一压一、挑一压一、挑一压一、挑一压一动作（三回），穿出。

(4) A端做包套动作（三回），穿出。

(5) A端做挑一压一、挑一压三、挑一压三、挑一压三，挑二压一、挑三压一、挑三压一、挑一压一、挑一动作，穿出。

(6) A端做压三挑一、压六，挑七、压一、挑二动作，穿出。

(7) A端做挑一压三、挑一压三、挑一压三、挑一压三，挑二压一、挑三压一、挑三压一、挑三压一、挑一动作（三回），穿出。

(8) 拔掉大头针，整形，拉紧，即成。

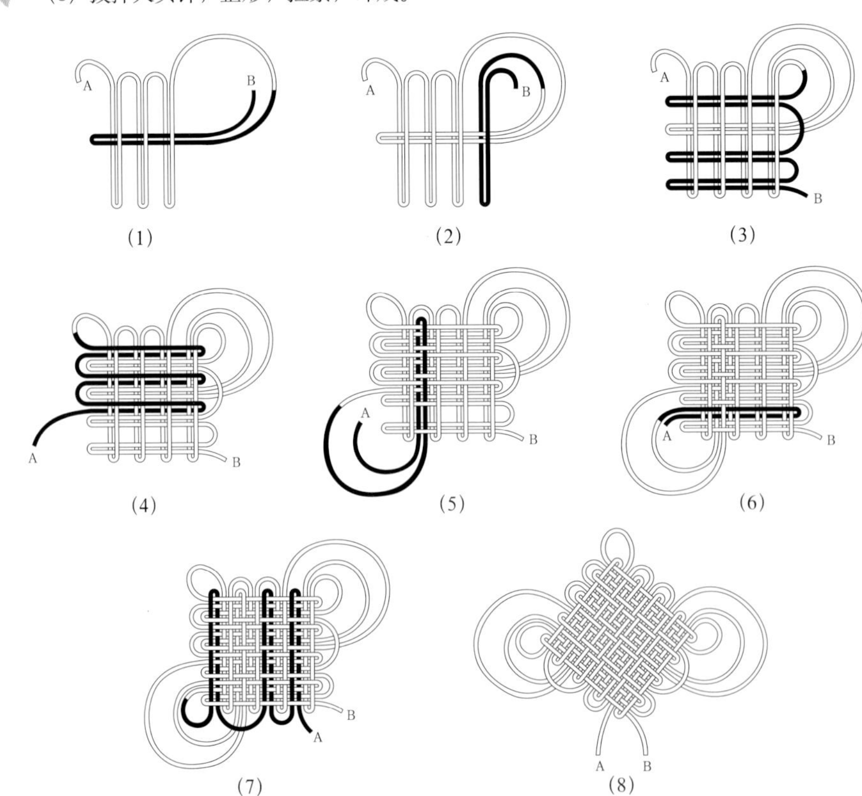

【磬结】

材料：5号绳160厘米长1根。

用途：与其他结组合，可做挂饰等。

编法：

(1) 如图所示，用大头针将其固定在海绵上。

(2) A端做包套动作（二回），穿出。

(3) A端继续做包套动作（二回），穿出。

(4) A端做挑一压三、挑一压三，挑二压一、挑三压一、挑一动作（二回），穿出。

(5) B端做挑一压一、挑一压一动作（二回），穿出。

(6) B端做挑一压一、挑一压一、挑一压一、挑三压一、挑二，压三挑一、压三挑一、压一挑一、压一挑一动作（二回），穿出。

(7) B端做挑一压三、挑一压三，挑二压一、挑三压一、挑一动作（二回），穿出。

(8) 拔掉大头针，整形，拉紧，即成。

(1) (2) (3) (4)

(5) (6) (7) (8)

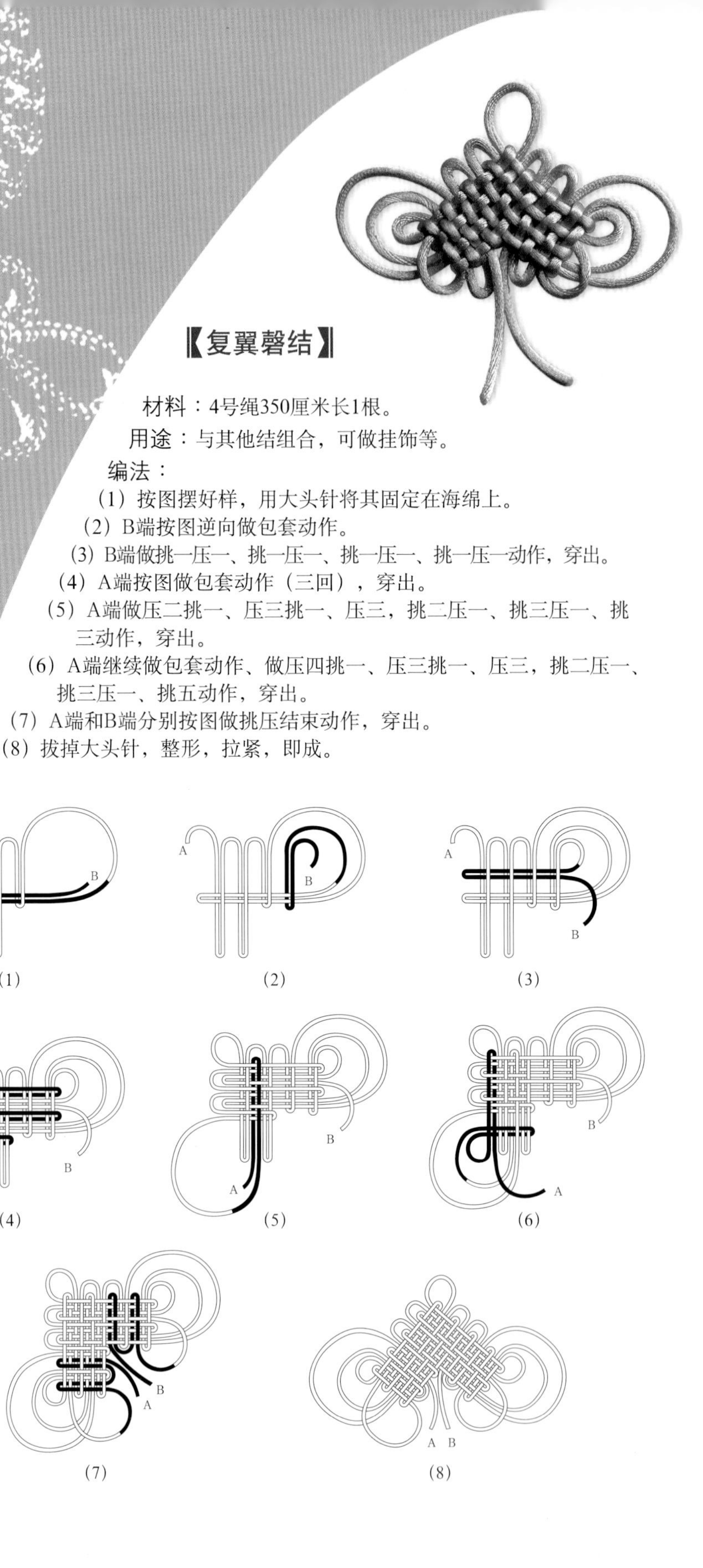

【复翼磬结】

材料：4号绳350厘米长1根。

用途：与其他结组合，可做挂饰等。

编法：

（1）按图摆好样，用大头针将其固定在海绵上。

（2）B端按图逆向做包套动作。

（3）B端做挑一压一、挑一压一、挑一压一、挑一压一动作，穿出。

（4）A端按图做包套动作（三回），穿出。

（5）A端做压二挑一、压三挑一、压三，挑二压一、挑三压一、挑三动作，穿出。

（6）A端继续做包套动作、做压四挑一、压三挑一、压三，挑二压一、挑三压一、挑五动作，穿出。

（7）A端和B端分别按图做挑压结束动作，穿出。

（8）拔掉大头针，整形，拉紧，即成。

(1) (2) (3)

(4) (5) (6)

(7) (8)

【方胜结】

材料：5号绳250厘米长1根。

用途：此结是磬结和盘长结的组合，编结时注意两端的连接，可做饰物等。

编法：

（1）按图先编1个磬结（编结见P17），再编1个四回盘长结（编结见P14）。注意两结耳翼相连。

（2）继续编盘长结，然后拔掉大头针，整形，拉紧，注意两结之间的距离，连接要匀称。

（3）整形完成后，要注意隐藏好接头。

(1) (2) (3)

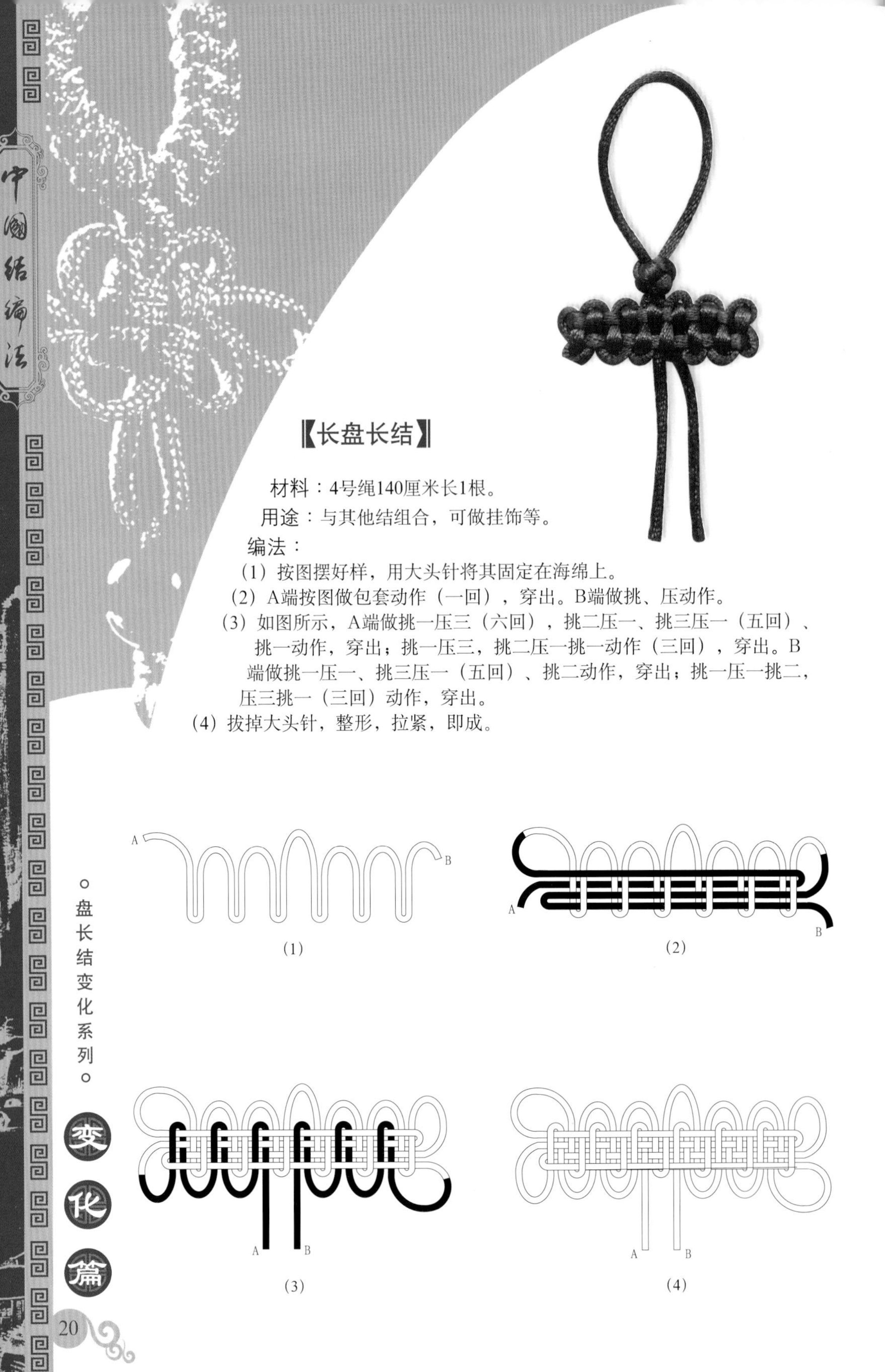

(1)

(2)

(3)

(4)

〖长盘长结〗

材料：4号绳140厘米长1根。

用途：与其他结组合，可做挂饰等。

编法：

(1) 按图摆好样，用大头针将其固定在海绵上。

(2) A端按图做包套动作（一回），穿出。B端做挑、压动作。

(3) 如图所示，A端做挑一压三（六回），挑二压一、挑三压一（五回）、挑一动作，穿出；挑一压三，挑二压一挑一动作（三回），穿出。B端做挑一压一、挑三压一（五回）、挑二动作，穿出；挑一压一挑二，压三挑一（三回）动作，穿出。

(4) 拔掉大头针，整形，拉紧，即成。

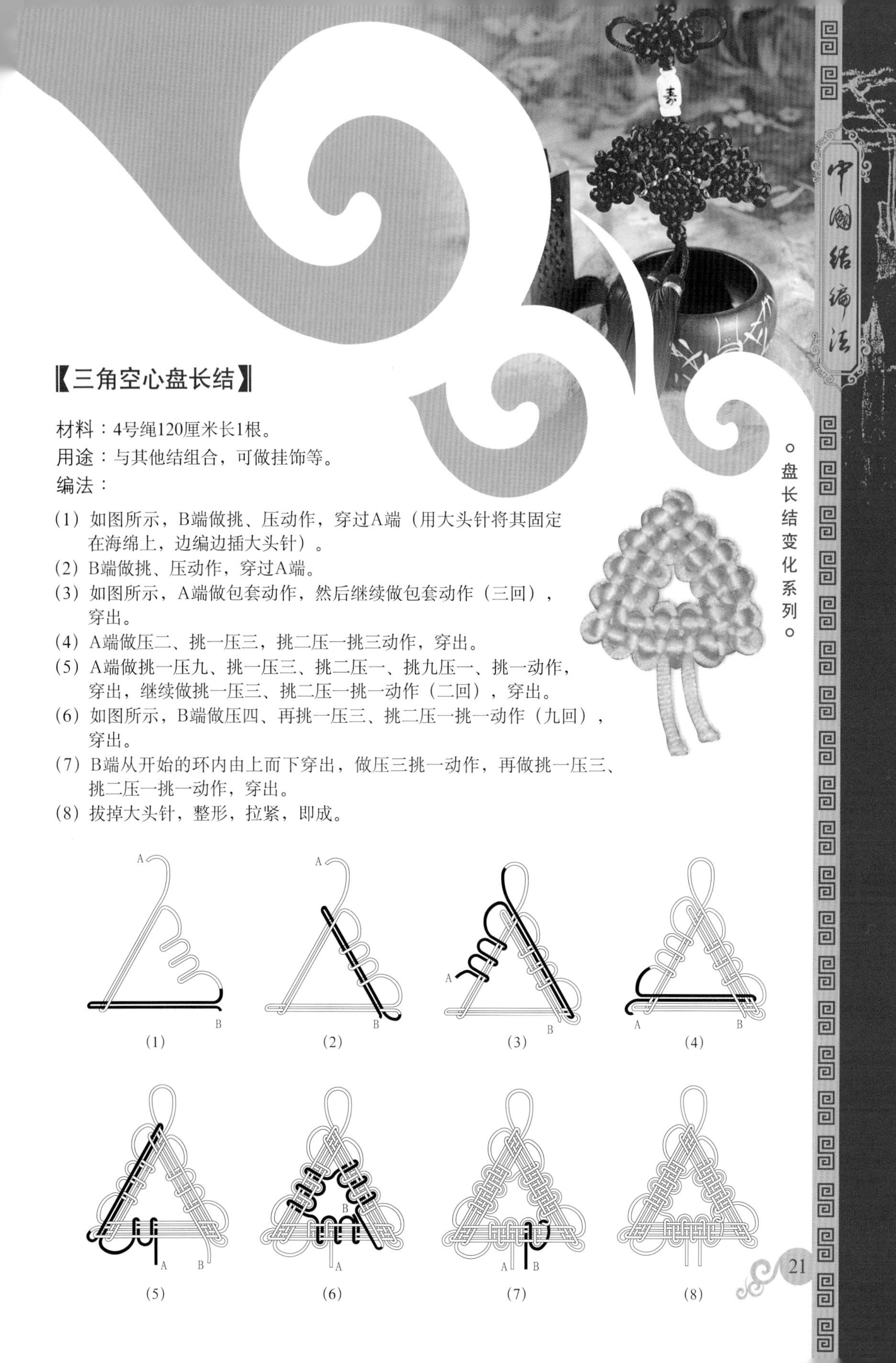

【三角空心盘长结】

材料：4号绳120厘米长1根。

用途：与其他结组合，可做挂饰等。

编法：

（1）如图所示，B端做挑、压动作，穿过A端（用大头针将其固定在海绵上，边编边插大头针）。

（2）B端做挑、压动作，穿过A端。

（3）如图所示，A端做包套动作，然后继续做包套动作（三回），穿出。

（4）A端做压二、挑一压三，挑二压一挑三动作，穿出。

（5）A端做挑一压九、挑一压三、挑二压一、挑九压一、挑一动作，穿出，继续做挑一压三、挑二压一挑一动作（二回），穿出。

（6）如图所示，B端做压四、再挑一压三、挑二压一挑一动作（九回），穿出。

（7）B端从开始的环内由上而下穿出，做压三挑一动作，再做挑一压三、挑二压一挑一动作，穿出。

（8）拔掉大头针，整形，拉紧，即成。

(1) (2) (3) (4)

(5) (6) (7) (8)

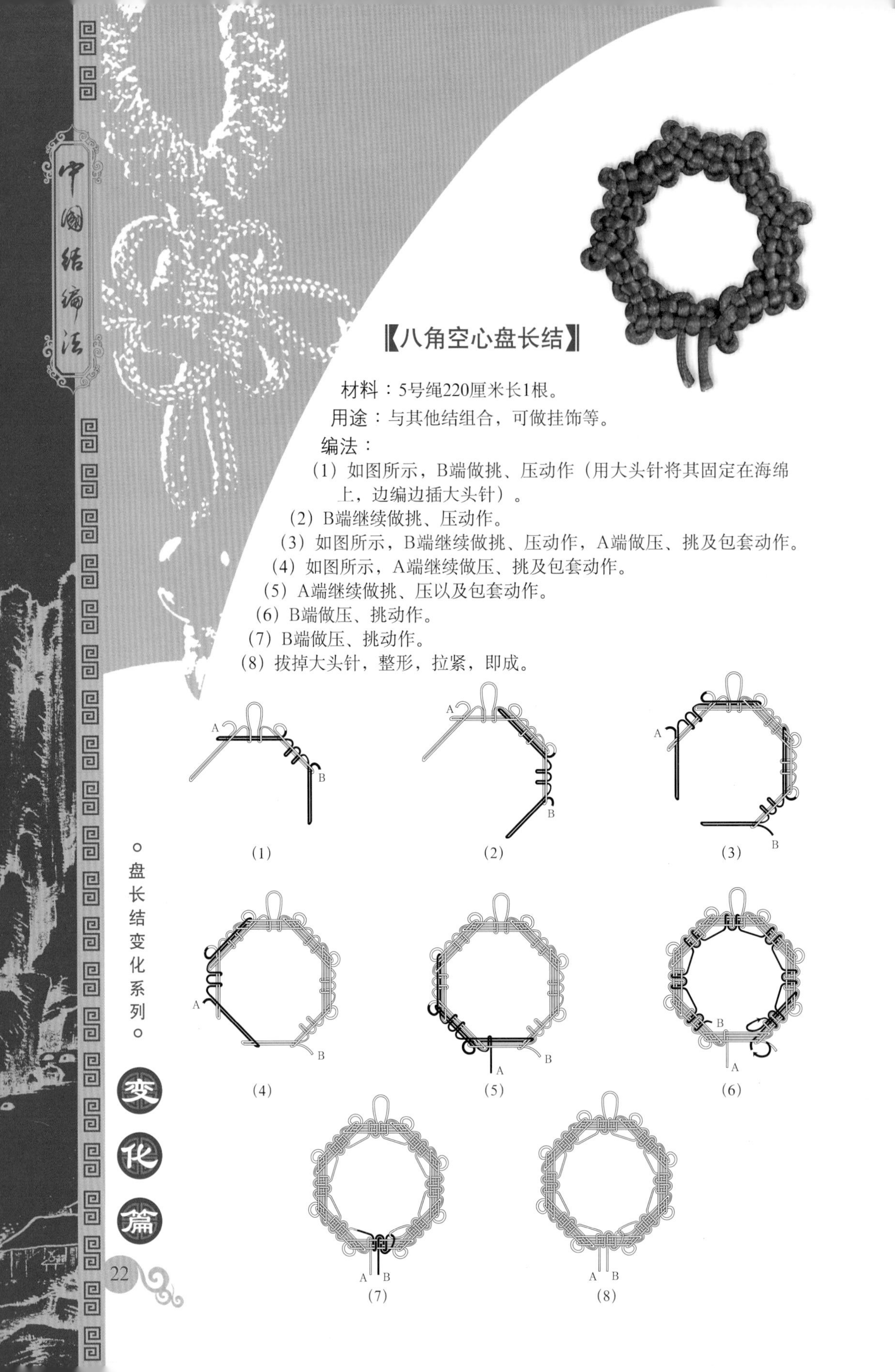

【八角空心盘长结】

材料：5号绳220厘米长1根。

用途：与其他结组合，可做挂饰等。

编法：

（1）如图所示，B端做挑、压动作（用大头针将其固定在海绵上，边编边插大头针）。

（2）B端继续做挑、压动作。

（3）如图所示，B端继续做挑、压动作，A端做压、挑及包套动作。

（4）如图所示，A端继续做压、挑及包套动作。

（5）A端继续做挑、压以及包套动作。

（6）B端做压、挑动作。

（7）B端做压、挑动作。

（8）拔掉大头针，整形，拉紧，即成。

(1) (2) (3)

(4) (5) (6)

(7) (8)

【空心心型盘长结】

材料：5号绳200厘米长1根，100厘米长1根。

用途：可做项链坠等。

编法：

(1) 将200厘米长的绳对折做环a，B端包套成1、2环。

(2) B端重复左套、右穿的动作，共计左套1～11，另取1根100厘米长绳做内绳，右穿2～11（缺右穿1）。

(3) 将左套1拉长，当左套12。

(4) 用内绳右穿12。

(5) 拉长内绳做挑、压动作，再做盘长结结束动作。

(6) B端做挑、压动作，穿出。

(7) B端继续做挑、压动作(十回)，穿出。

(8) 内绳做盘长结结束动作(十回)，整形，拉紧，将两绳头粘牢，藏于结体内，即成。

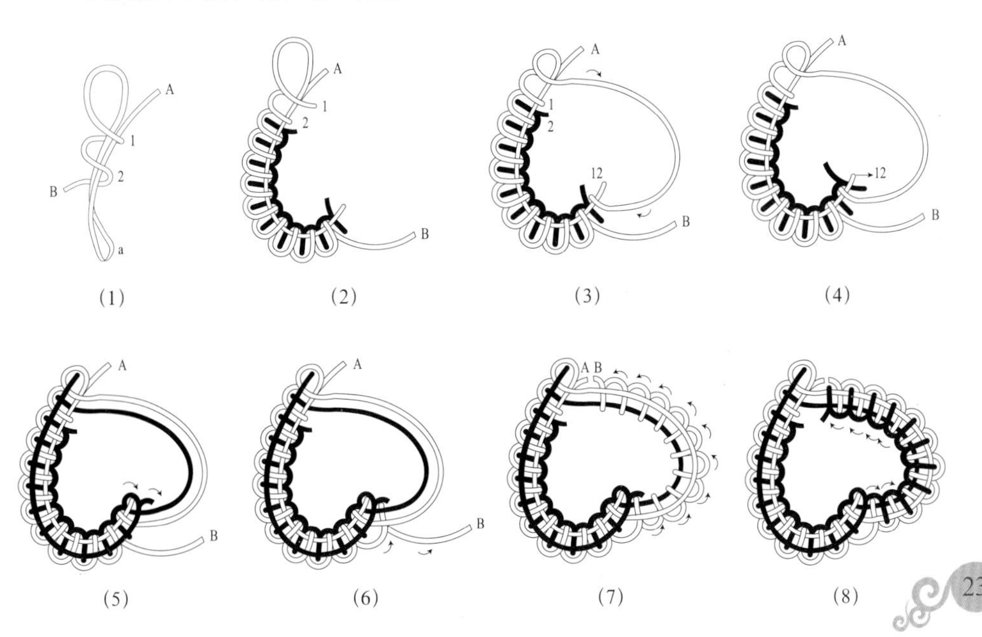

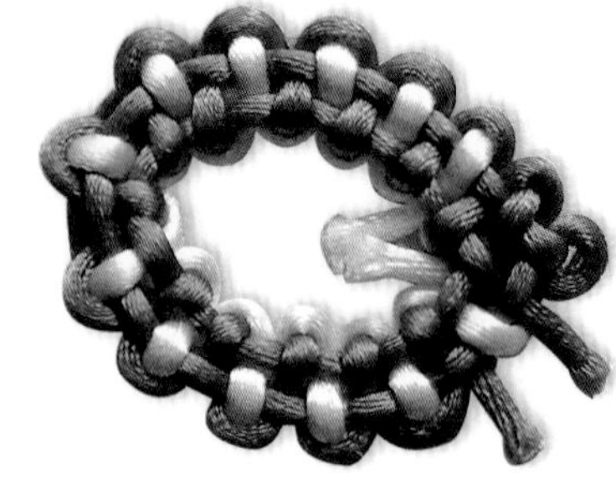

【空心水滴型盘长结】

材料：5号绳90厘米长2根。

用途：与其他结组合，可做挂饰等。

编法：

（1）如图所示，将直圈1拉长，右穿1。

（2）B端以顺时针方向绕圈。

（3）B端做挑、压及穿套动作后，以逆时针方向绕圈，然后做挑、压动作。取另1根绳做内绳，做挑、压动作。

（4）如图所示，B端继续做挑、压动作，穿出。

（5）如图所示，另1根绳继续做挑、压动作。

（6）如图所示，另1根绳继续做挑、压动作。整形，拉紧，即成。

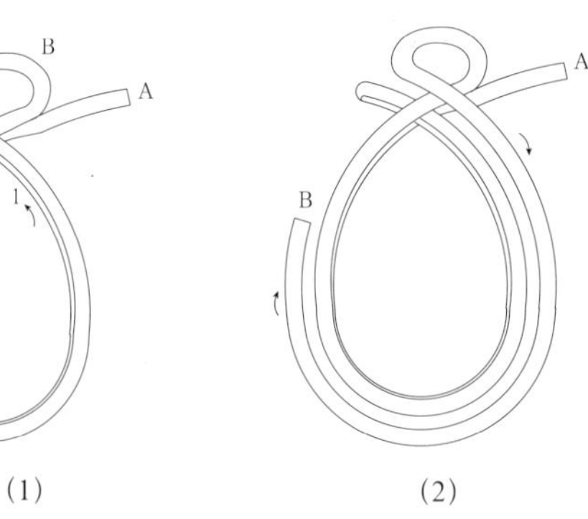

(1) (2) (3)

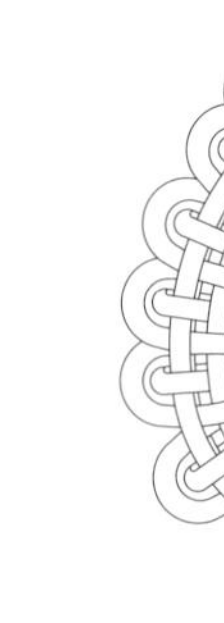

(4) (5) (6)

【空心猫眼盘长结】

材料：5号绳90厘米长2根。

用途：与其他结组合，可做挂饰等。

编法：

(1) 如图所示，做直圈①左套1，左套2～6。取另1根绳，做右穿2～5。

(2) 将左套6拉长当右穿①。

(3) 将左套1拉长，穿过套①。

(4) 左绳做挑、压动作，穿出。

(5) 左绳继续做挑、压动作，穿出。

(6) 另1根绳做挑、压动作。

(7) 整形，拉紧，再将绳头烧接，藏于结体内，即成。

【实心心型盘长结】

材料：5号绳400厘米长1根。

用途：与其他结组合，可做项链坠等。

编法：

（1）如图所示，做直圈1，右穿1，左套2，右穿2，左套3。

（2）A端做盘长结结束动作。

（3）左上转圈补1直圈，a圈拉长向下穿套，A端做结束动作。

（4）A端再做一次结束动作。

（5）把图（4）上圈拉长，做左套1，下做右套2，再往下做穿套动作。

（6）A端做挑、压结束动作，将左上转折圈拉长当耳朵。

（7）再将耳朵往下做穿套动作。

（8）将编法（4）的耳朵往上做穿套动作。

（9）A端向上做挑、压动作，拉长右上圈。

（10）右上圈往左补1右穿耳。

（11）A端继续做盘长结结束动作。

（12）向下继续重复做挑、压动作。

（13）向回做挑、压结束动作。

（14）拔下大头针，整形，拉紧，即成。

（1）　（2）　（3）

（4）　（5）　（6）

(7) (8) (9)

(10) (11) (12)

(13) (14)

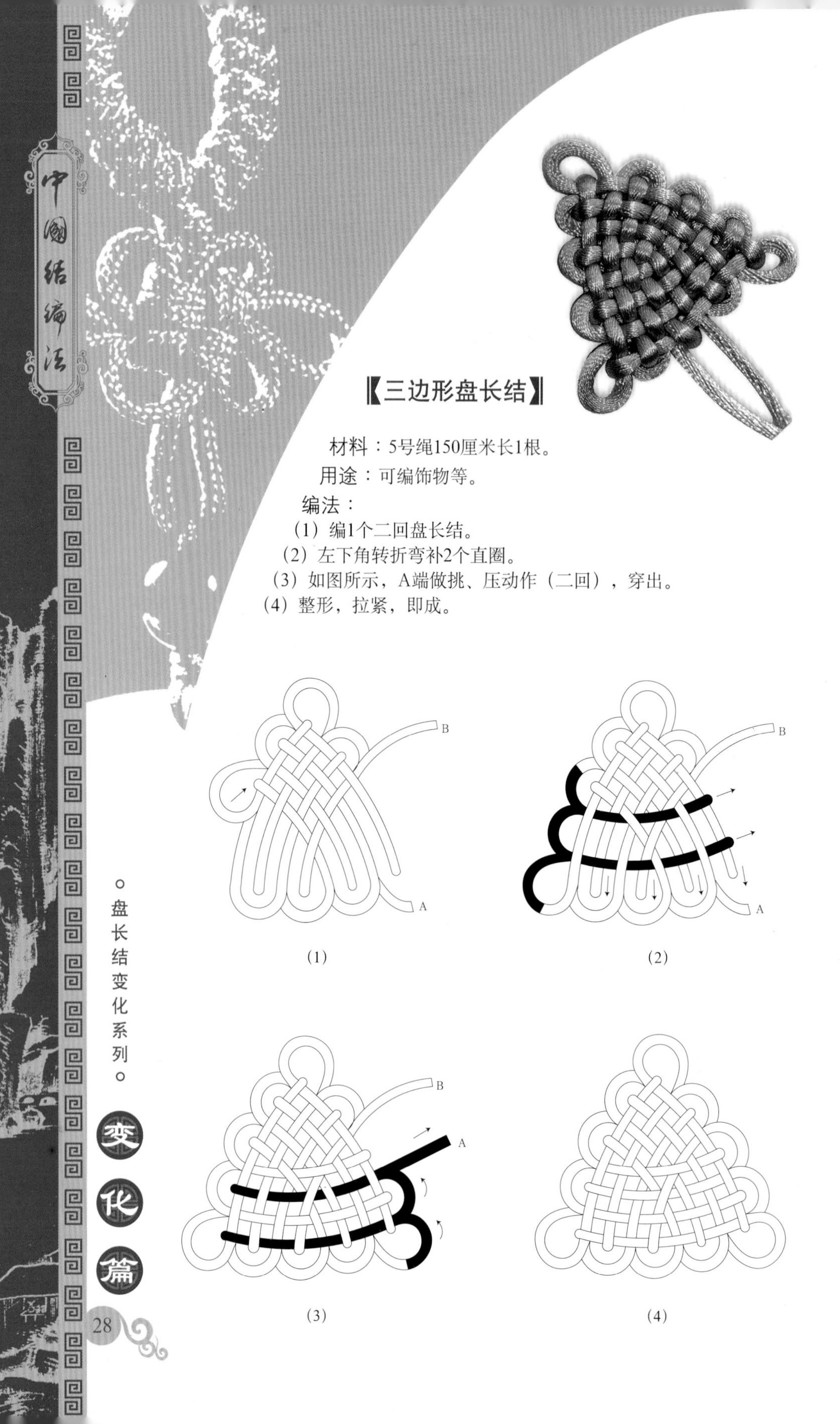

【三边形盘长结】

材料：5号绳150厘米长1根。

用途：可编饰物等。

编法：

（1）编1个二回盘长结。

（2）左下角转折弯补2个直圈。

（3）如图所示，A端做挑、压动作（二回），穿出。

（4）整形，拉紧，即成。

(1)

(2)

(3)

(4)

【五边形盘长结】

材料：4号绳（或扁绳）240厘米长1根。
用途：可编饰物等。
编法：
（1）编一个直4横2圈的长盘长。
（2）左下角转折弯补2个直圈。
（3）A端编二回左横套，B端编二回右横穿。
（4）A端做挑、压动作（四回），穿出。
（5）整形，拉紧，将两绳头粘牢，藏于结体内，即成。

（1）　（2）　（3）　（4）　（5）

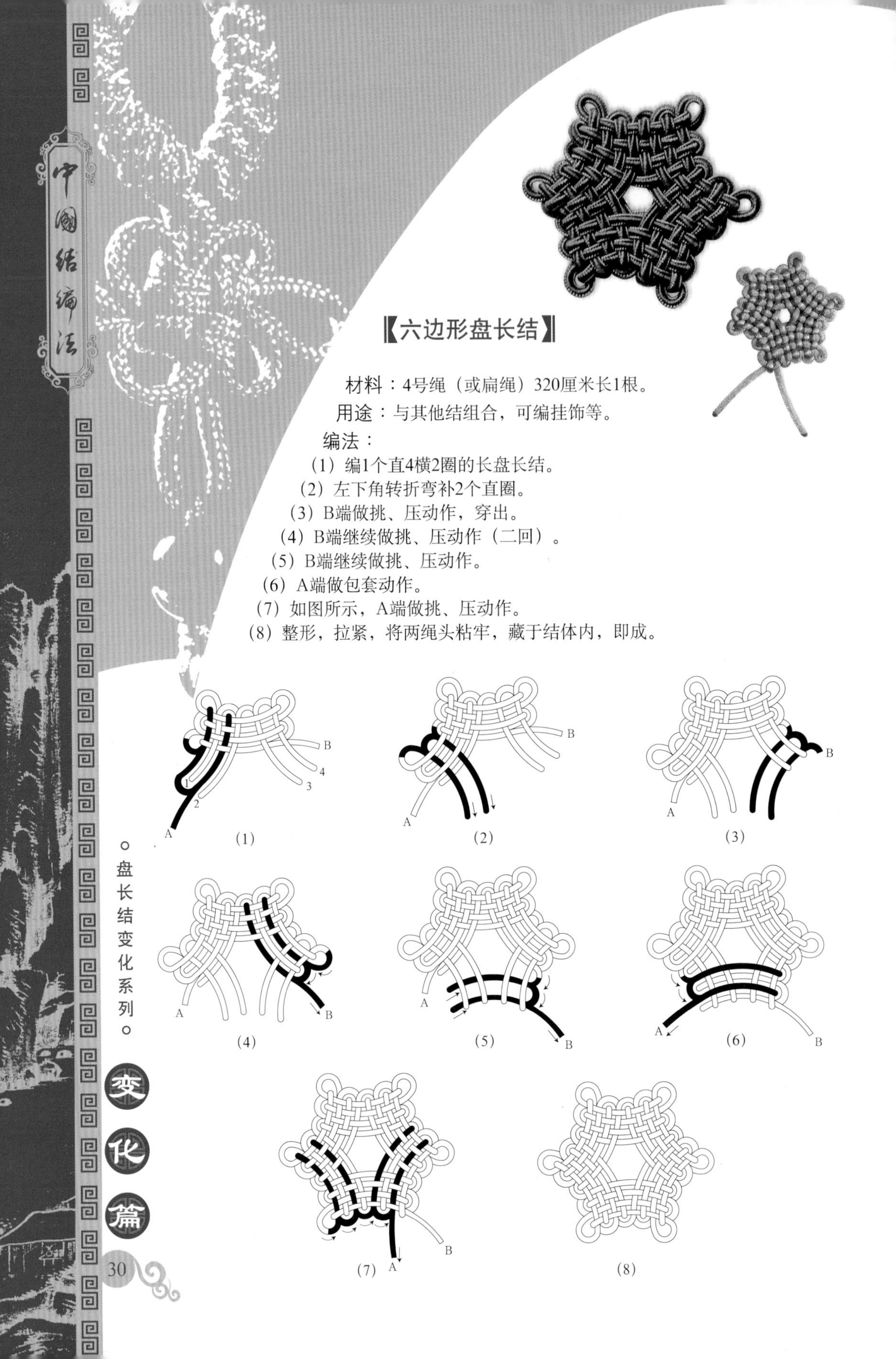

【六边形盘长结】

材料：4号绳（或扁绳）320厘米长1根。

用途：与其他结组合，可编挂饰等。

编法：

（1）编1个直4横2圈的长盘长结。

（2）左下角转折弯补2个直圈。

（3）B端做挑、压动作，穿出。

（4）B端继续做挑、压动作（二回）。

（5）B端继续做挑、压动作。

（6）A端做包套动作。

（7）如图所示，A端做挑、压动作。

（8）整形，拉紧，将两绳头粘牢，藏于结体内，即成。

【盘长变回菱结】

材料：5号绳250厘米长1根，60厘米长1根。

用途：可编挂饰等。

编法：

（1）如图所示，编1个4×4盘长结，并将结体放松。

（2）如图所示，将耳朵调长后，来回做挑、压的动作。

（3）用另1根绳将补绳的2圈结束。

（4）重复编法（3）。

（5）整形，拉紧，将两根绳头粘牢，藏于结体内，即成。

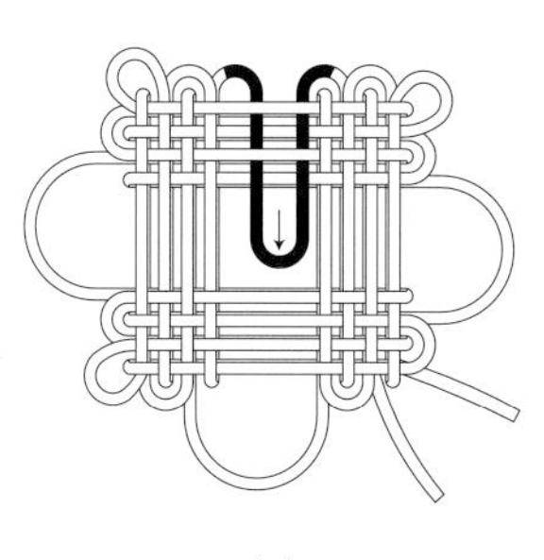

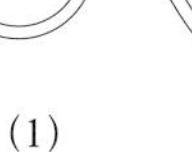

(1)

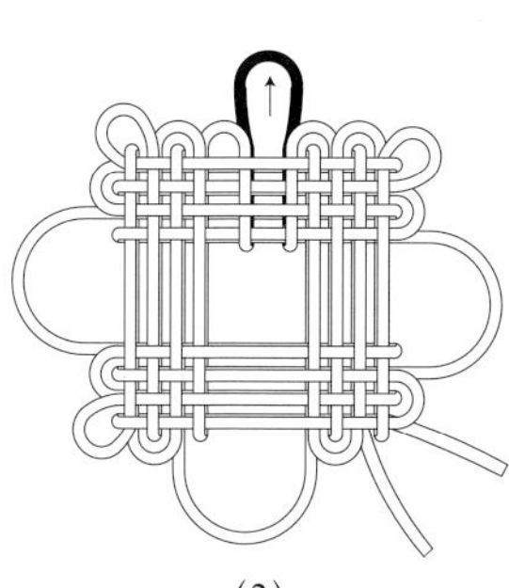

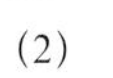

(2)

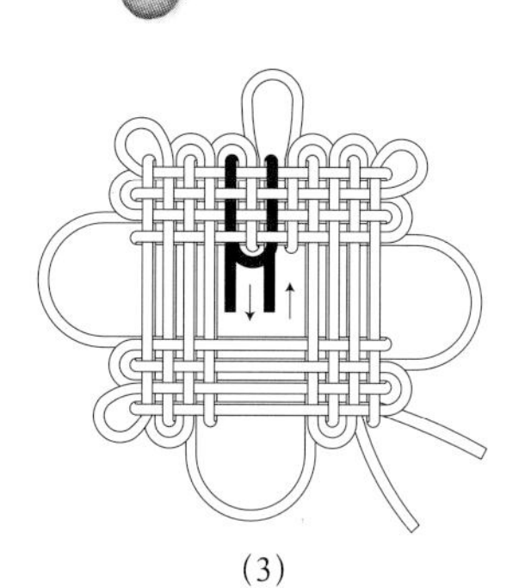

(3)

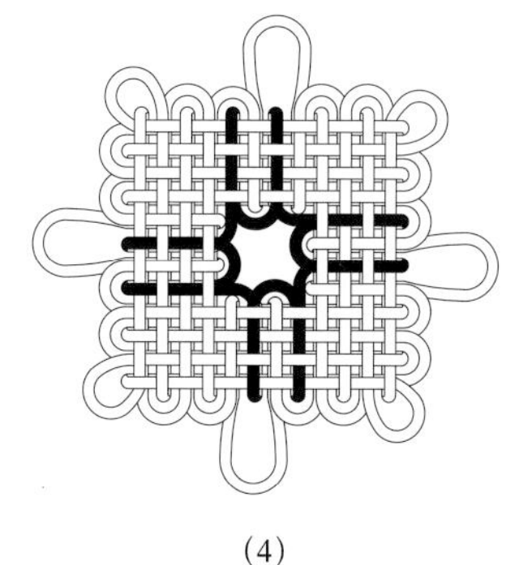

(4)

(5)

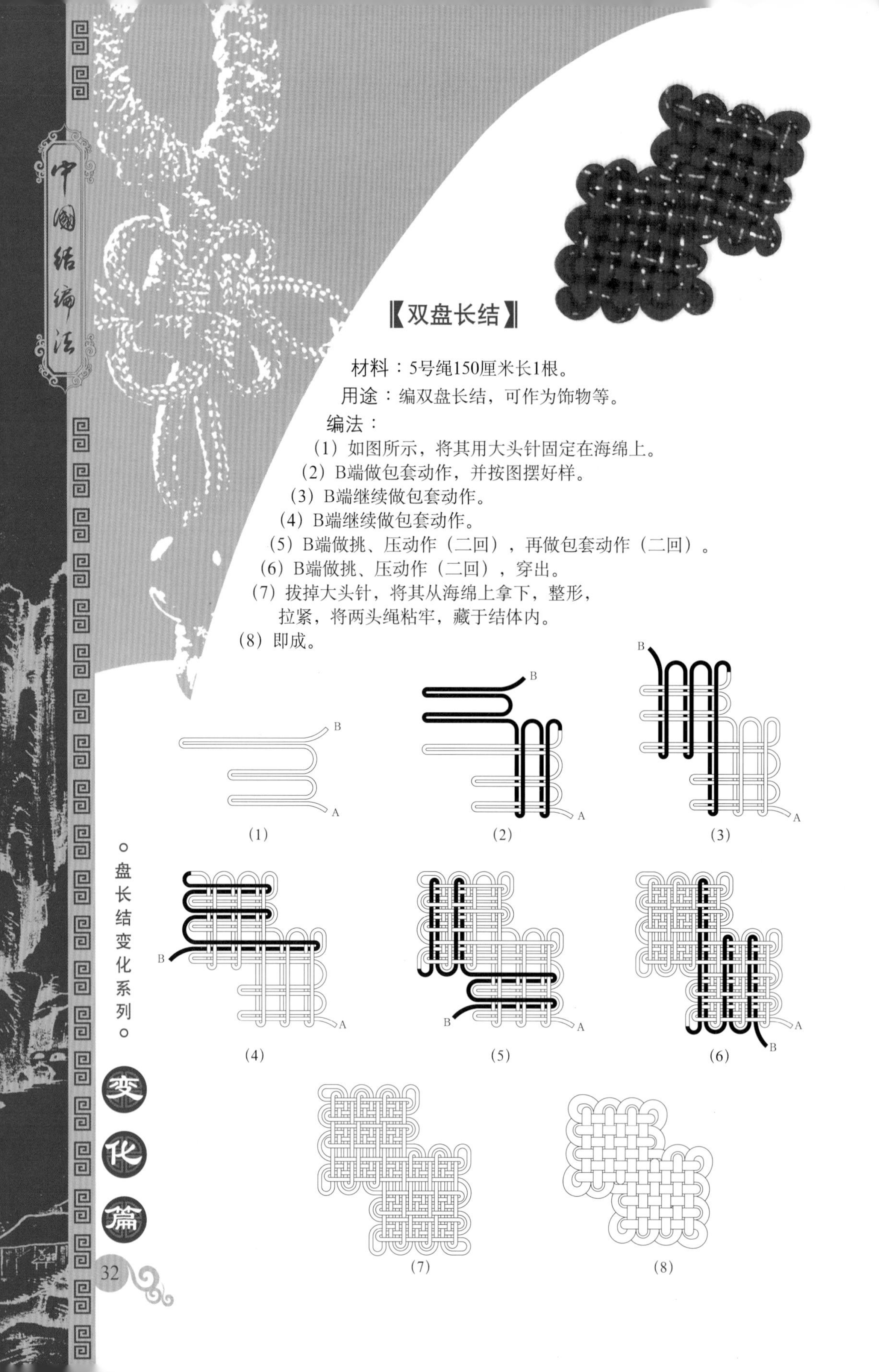

【双盘长结】

材料：5号绳150厘米长1根。

用途：编双盘长结，可作为饰物等。

编法：

（1）如图所示，将其用大头针固定在海绵上。

（2）B端做包套动作，并按图摆好样。

（3）B端继续做包套动作。

（4）B端继续做包套动作。

（5）B端做挑、压动作（二回），再做包套动作（二回）。

（6）B端做挑、压动作（二回），穿出。

（7）拔掉大头针，将其从海绵上拿下，整形，拉紧，将两头绳粘牢，藏于结体内。

（8）即成。

(1) (2) (3) (4) (5) (6) (7) (8)

材料：4号绳20厘米长1根。

用途：与其他结组合，可作为挂饰等。

编法：

(1) 如图所示，B端做挑、压动作。

(2) B端继续做包套，压、挑动作，穿出。

(3) 拉紧，整形，即成 。

(1)　　(2)　　(3)

〖五耳酢浆草结〗

编法：见一、基本篇2 酢浆草结（四耳）编法(P3)，
在此基础上，再编一环，将两绳端粘牢，即成。

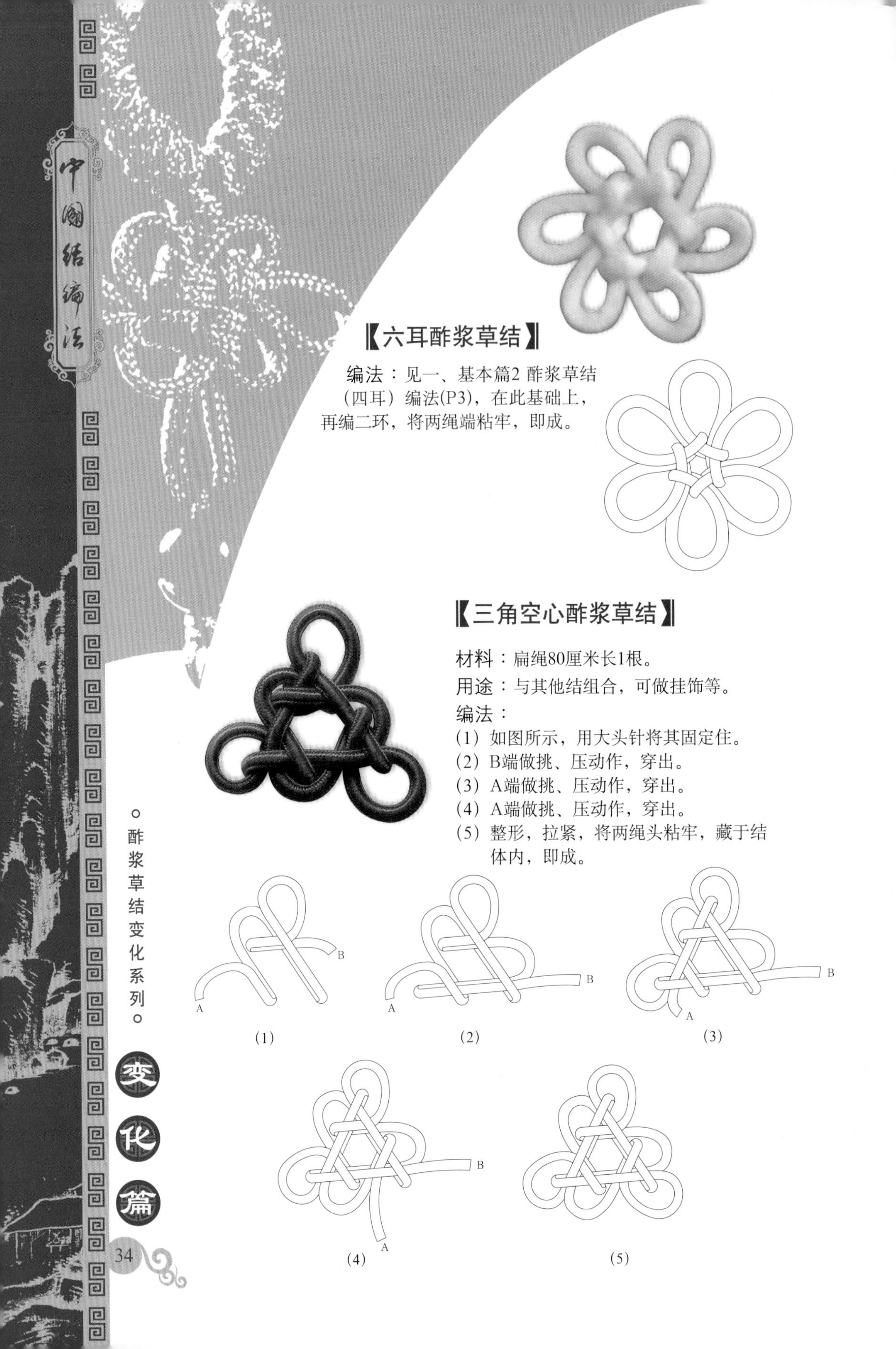

【六耳酢浆草结】

编法：见一、基本篇2 酢浆草结（四耳）编法(P3)，在此基础上，再编二环，将两绳端粘牢，即成。

【三角空心酢浆草结】

材料：扁绳80厘米长1根。

用途：与其他结组合，可做挂饰等。

编法：

（1）如图所示，用大头针将其固定住。

（2）B端做挑、压动作，穿出。

（3）A端做挑、压动作，穿出。

（4）A端做挑、压动作，穿出。

（5）整形，拉紧，将两绳头粘牢，藏于结体内，即成。

(1) (2) (3) (4) (5)

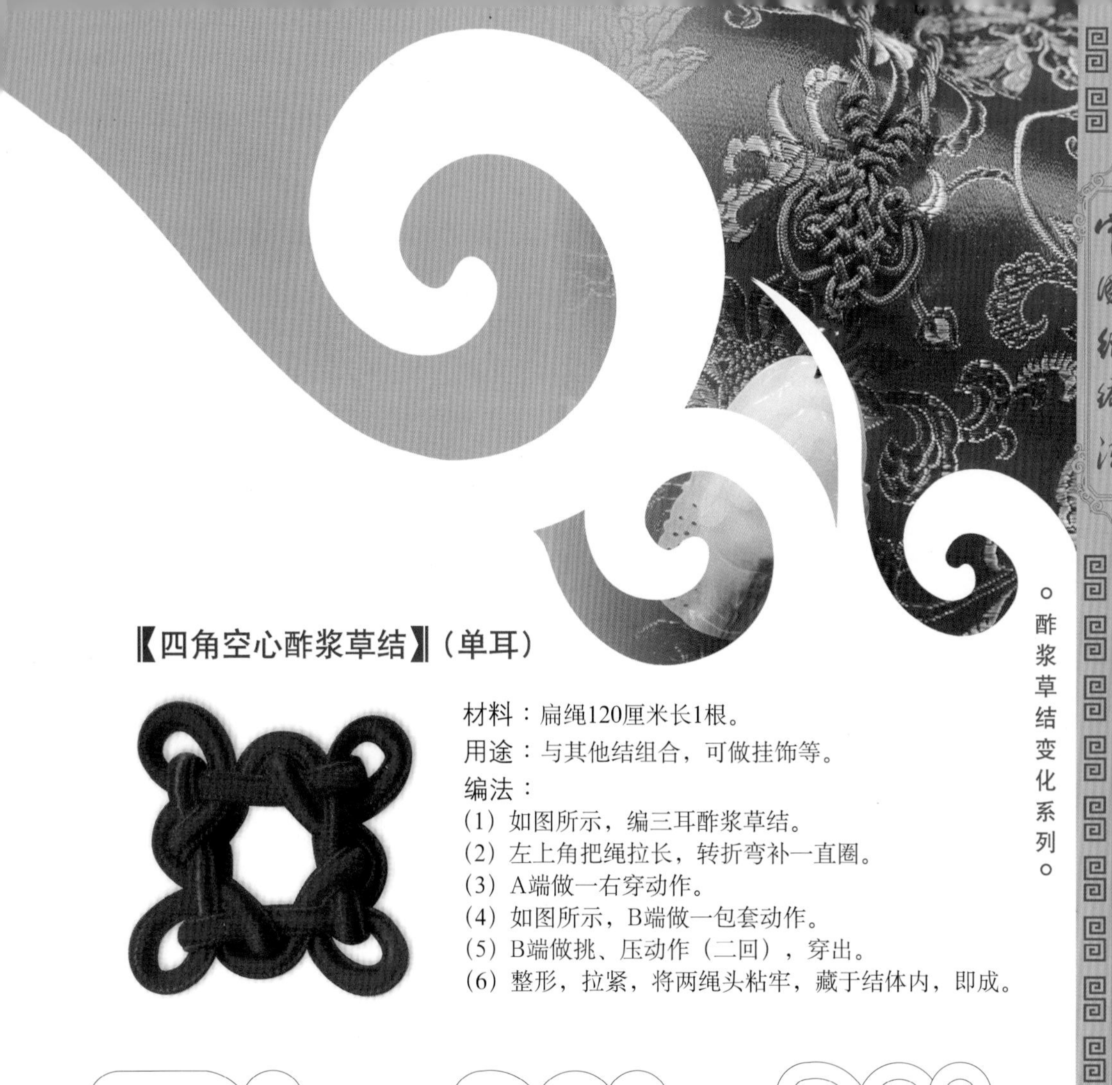

【四角空心酢浆草结】（单耳）

材料：扁绳120厘米长1根。

用途：与其他结组合，可做挂饰等。

编法：

(1) 如图所示，编三耳酢浆草结。

(2) 左上角把绳拉长，转折弯补一直圈。

(3) A端做一右穿动作。

(4) 如图所示，B端做一包套动作。

(5) B端做挑、压动作（二回），穿出。

(6) 整形，拉紧，将两绳头粘牢，藏于结体内，即成。

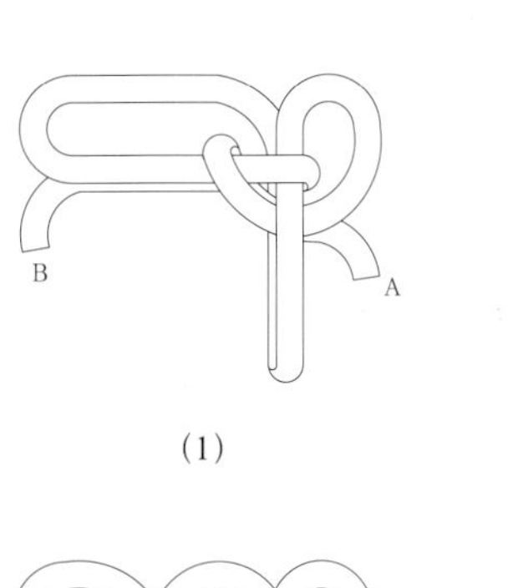

(1)

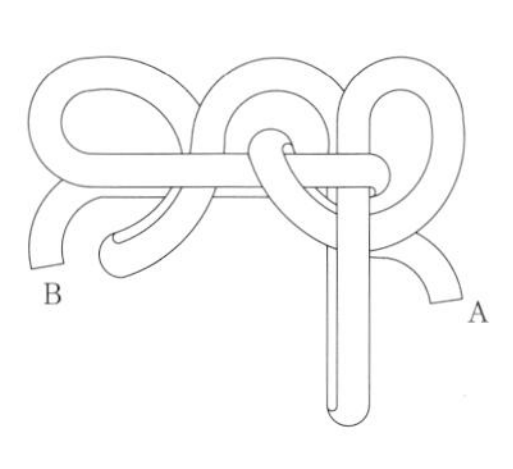

(2)

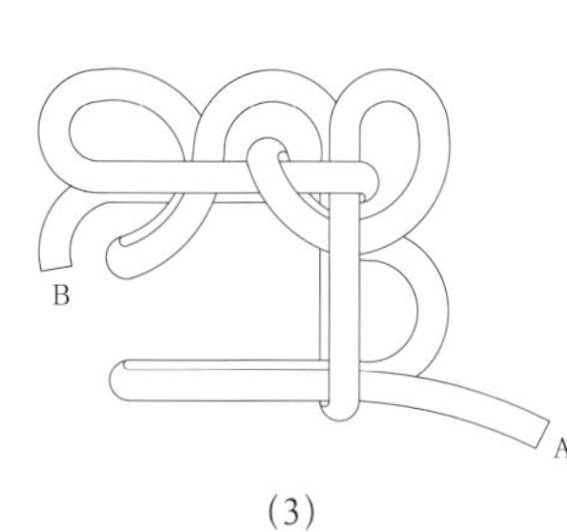

(3)

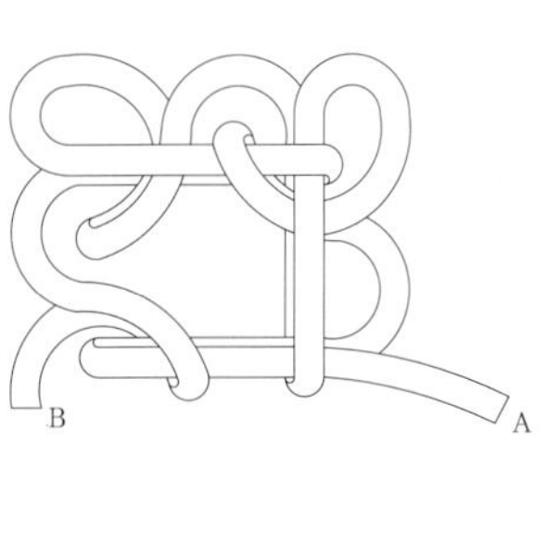

(4)

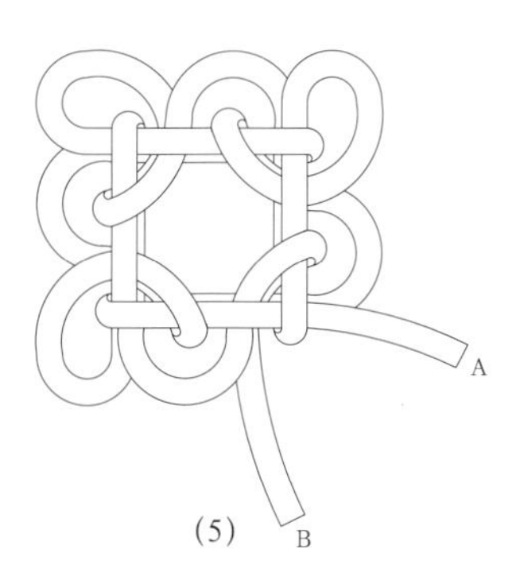

(5)

(6)

【四角空心酢浆草结】(双耳)

材料：扁绳160厘米长1根。

用途：与其他结组合，可编挂饰、首饰等。

编法：

（1）如图所示，编直2横1盘长结。

（2）将直圈1套住直圈2。

（3）左上角转折弯补一直圈。

（4）如图所示，将横1穿弯补一直圈。

（5）B端做一右穿动作。

（6）如图所示，A端再做一左套动作。

（7）B端再做一右穿动作。

（8）A端做挑、压动作。

（9）如图所示，A端继续做挑、压动作。

（10）A端继续做挑、压动作。

（11）整形，拉紧，将两绳端粘牢，藏于结体内，即成。

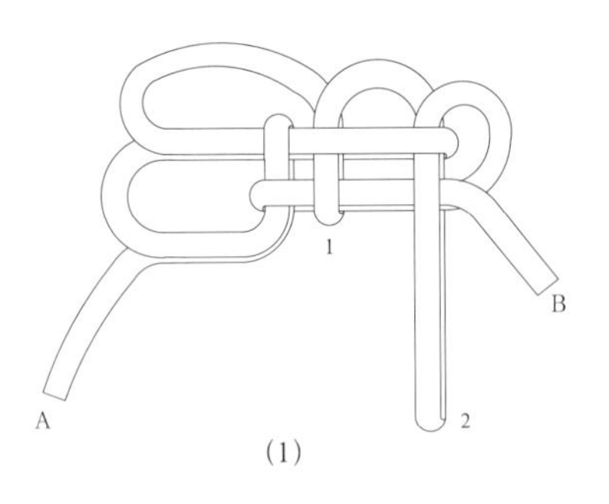

(1)

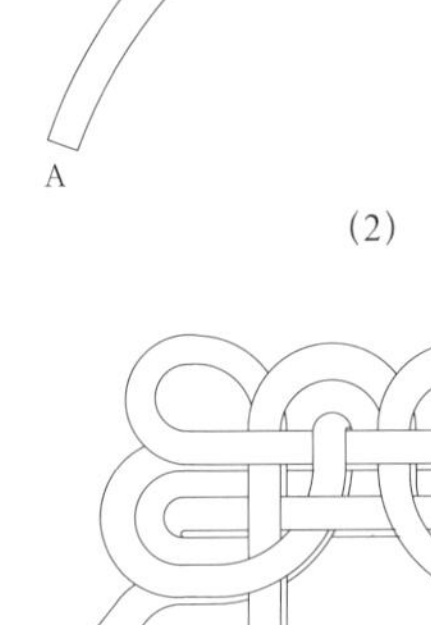

(2)

(3)

(4)

中国结编法
○酢浆草结变化系列○
1
2
A
B
(5)
1
2
A
B
(6)
A
B
(7)
A
B
(8)
B
A
(9)
B
A
(10)
(11)

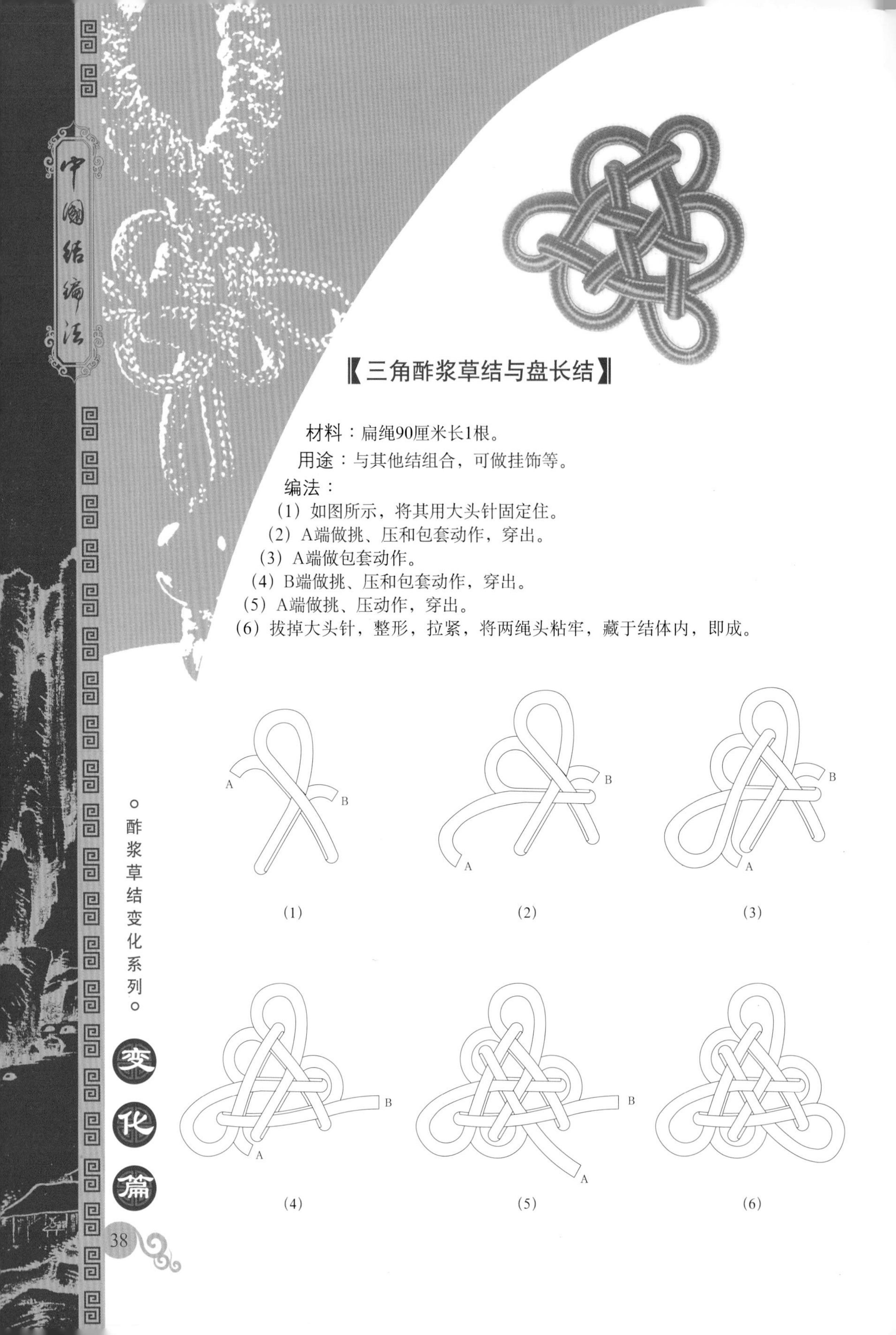

【三角酢浆草结与盘长结】

材料：扁绳90厘米长1根。

用途：与其他结组合，可做挂饰等。

编法：

（1）如图所示，将其用大头针固定住。

（2）A端做挑、压和包套动作，穿出。

（3）A端做包套动作。

（4）B端做挑、压和包套动作，穿出。

（5）A端做挑、压动作，穿出。

（6）拔掉大头针，整形，拉紧，将两绳头粘牢，藏于结体内，即成。

(1) (2) (3)

(4) (5) (6)

【四角酢浆草结与盘长结】(单耳)

材料：扁绳120厘米长1根。

用途：与其他结组合，可做挂饰等。

编法：

(1) 如图所示，做一直圈、一左套。将其用大头针固定住。
(2) B端折一耳朵穿进直圈1。
(3) 拉长耳朵套住编法(2)之左套。
(4) A端补一直圈2。
(5) A端再做一耳朵穿过直圈2，并套住直圈1。
(6) 再将直圈1套住直圈2。
(7) A端再做一耳朵，穿过直圈2、直圈3。
(8) B端由下往上，来回做挑、压动作。
(9) B端继续做挑、压动作。
(10) 拔掉大头针，整形，拉紧，将两绳端粘牢，藏于结体内，即成。

(7)

(8)

(9)

(10)

〖四角酢浆草结与长盘结〗（双耳）

材料：扁绳160厘米长1根。

用途：与其他结组合，可做挂饰等。

编法：

（1）如图做一直圈，二左套。将其用大头针固定住。

（2）B端做一包套动作。

（3）B端做一挑、压动作，穿出。

（4）左下角把绳拉长，转折弯补一直圈（ 转90° ）。

（5）A端做挑、压动作，穿出。

（6）B端做包套动作。

（7）B端继续做包套动作。

（8）B端做挑、压动作，穿出。

（9）B端继续做挑、压动作，穿出。

（10）拔掉大头针，整形、拉紧。将两绳头粘牢，藏于结体内，即成。

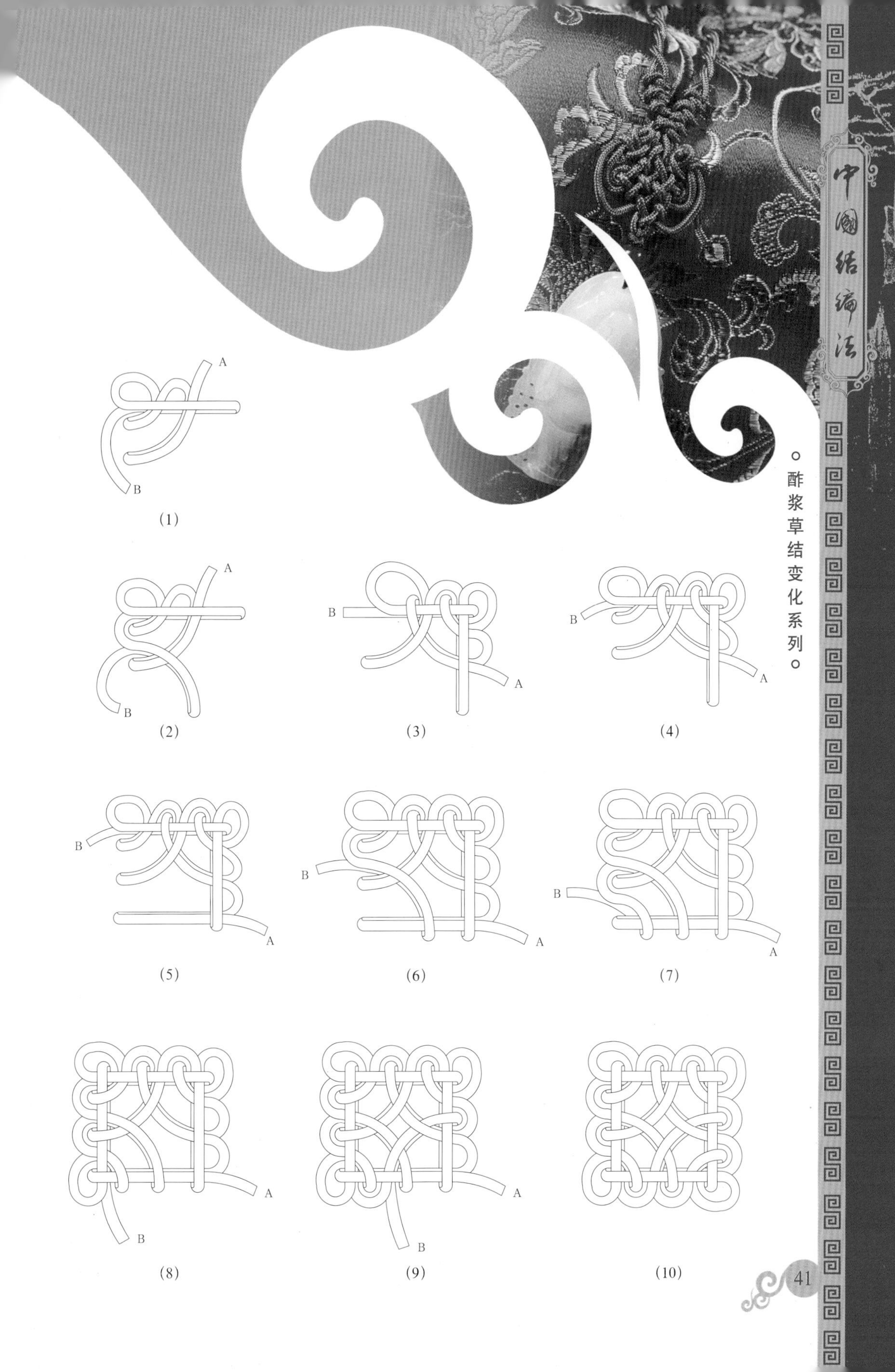

◦酢浆草结变化系列◦

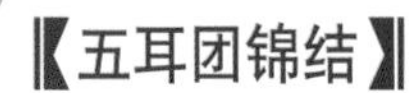

【五耳团锦结】

编法：见一、基本篇9 团锦结（六耳）编法（P9），少穿一套，即成。

【八耳团锦结】

编法：见一、基础篇9 团锦结（六耳）编法（P9），多穿二套，即成。

【水滴形团锦结】

材料：扁绳240厘米长1根。

用途：与其他结组合，可做项链坠、组合结等。

编法：

(1) 编1个六耳团锦结（P9）。

(2) 将结体放松。

(3) B端以逆时针方向做挑、压动作，包套穿过团锦结，穿出。

(4) 如图所示，A端以顺时针方向做挑、压动作，穿出。

(5) A端再回穿，做挑、压动作，整形，拉紧，将两绳头粘牢，即成。

a

〖团锦结与酢浆草结〗

编法：

a. 先编1个六耳团锦结，再将另一根绳与其编酢浆草结(编6个酢浆草结)，最后整形，拉紧。将两绳头粘牢，藏于结体内，即成。

b. 编团锦结时，编1个酢浆草结作外耳，重复四次，做结束动作。

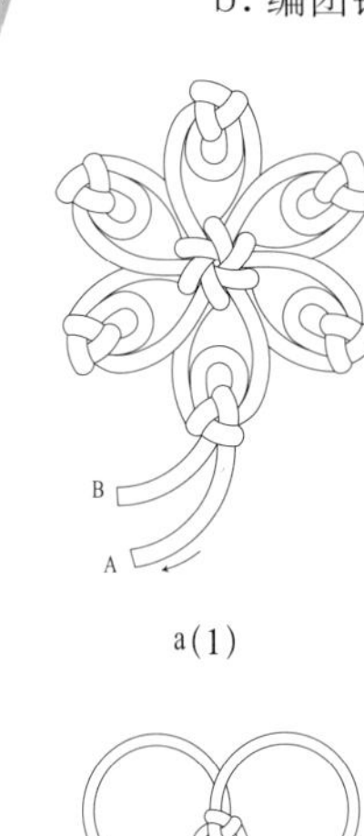

a(1)

a(2)

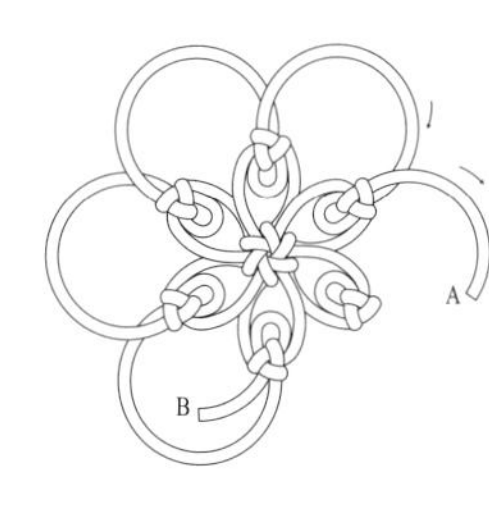

a(3)

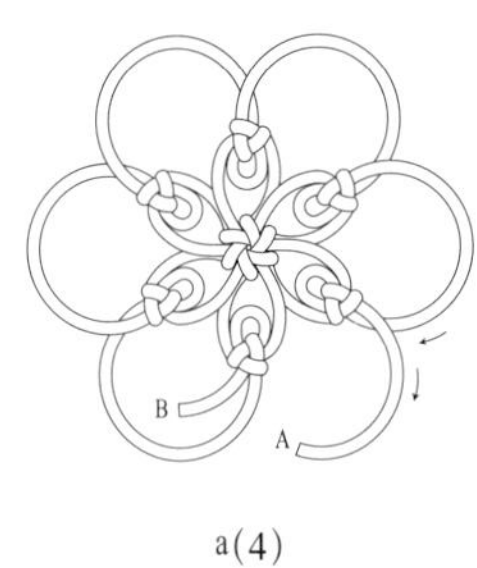

a(4)

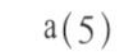

a(5)

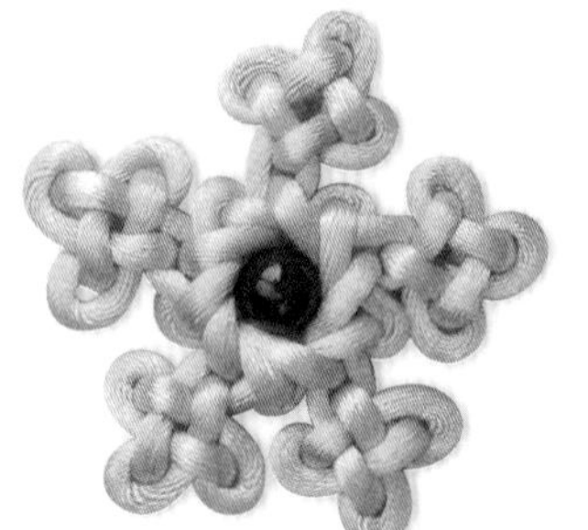

b

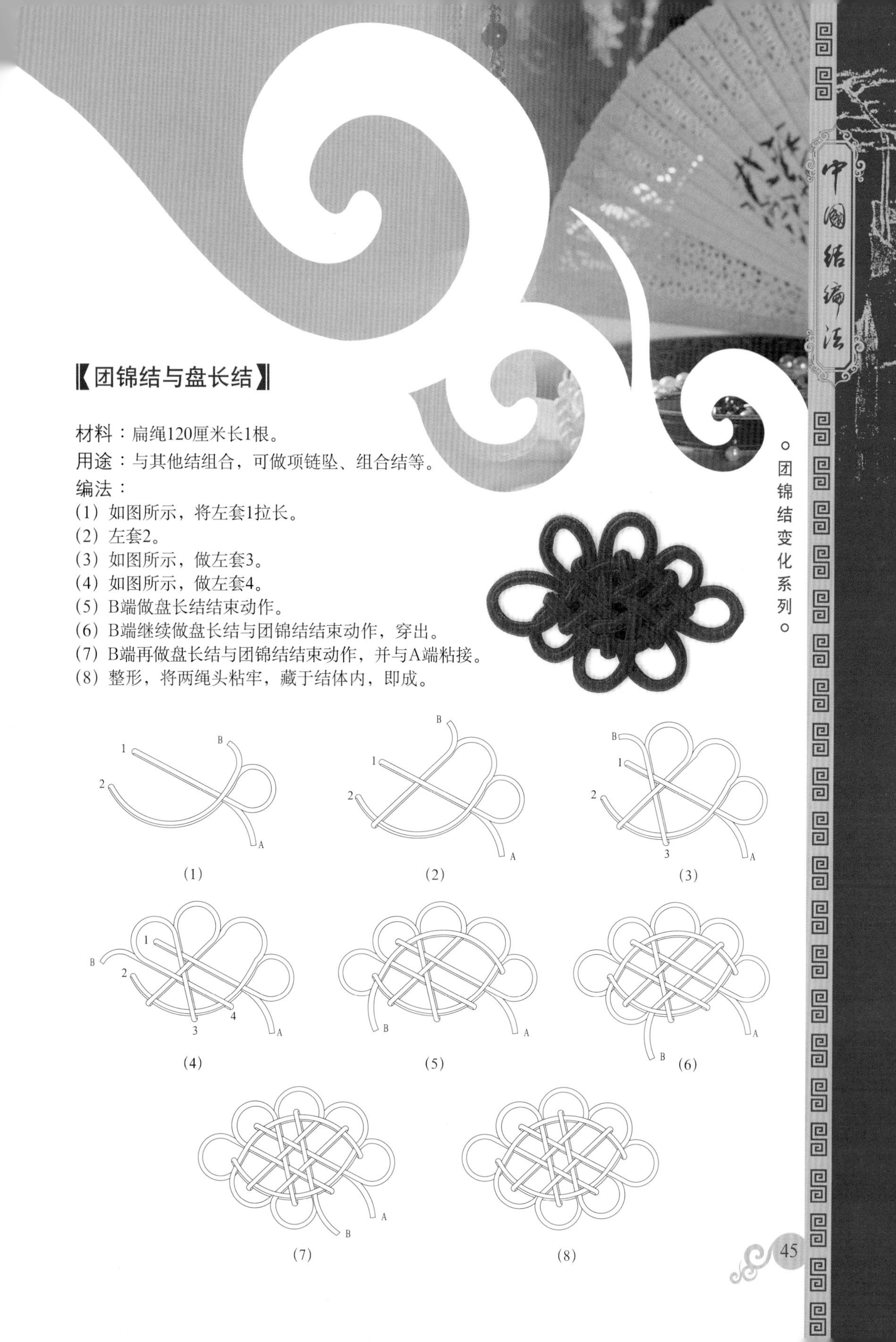

【团锦结与盘长结】

材料：扁绳120厘米长1根。

用途：与其他结组合，可做项链坠、组合结等。

编法：

(1) 如图所示，将左套1拉长。

(2) 左套2。

(3) 如图所示，做左套3。

(4) 如图所示，做左套4。

(5) B端做盘长结结束动作。

(6) B端继续做盘长结与团锦结结束动作，穿出。

(7) B端再做盘长结与团锦结结束动作，并与A端粘接。

(8) 整形，将两绳头粘牢，藏于结体内，即成。

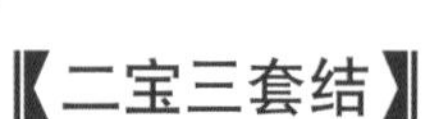

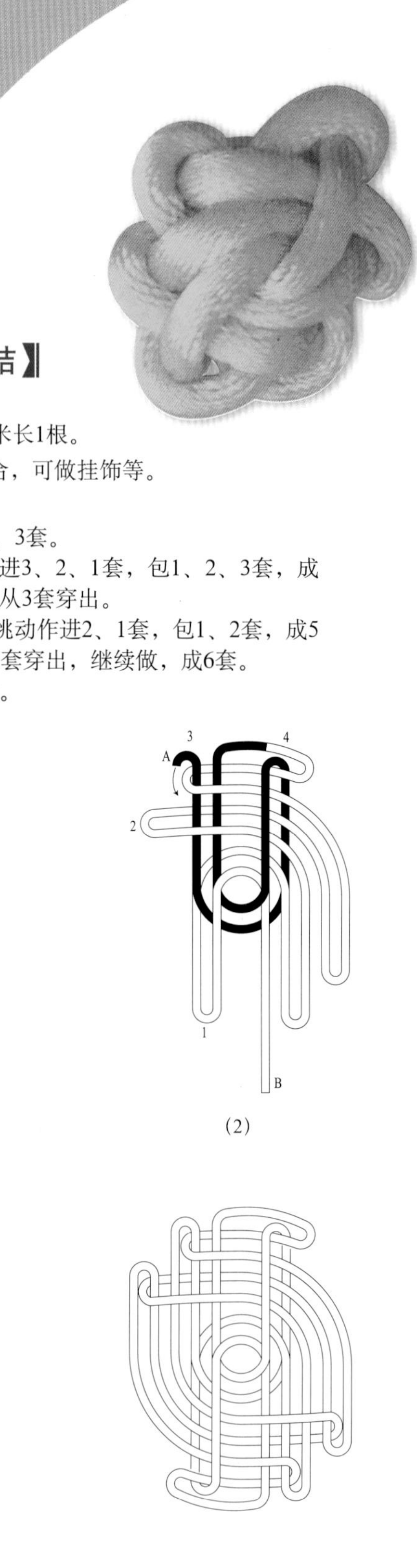

材料：4号绳90厘米长1根。

用途：与其他结组合，可做挂饰等。

编法：

（1）如图所示，编1、2、3套。

（2）A端做压、挑动作，进3、2、1套，包1、2、3套，成4套，做挑、压动作，从3套穿出。

（3）如图所示，A端做压、挑动作进2、1套，包1、2套，成5套。做挑、压动作，从2套穿出，继续做，成6套。

（4）整形，拉紧，粘牢，即成。

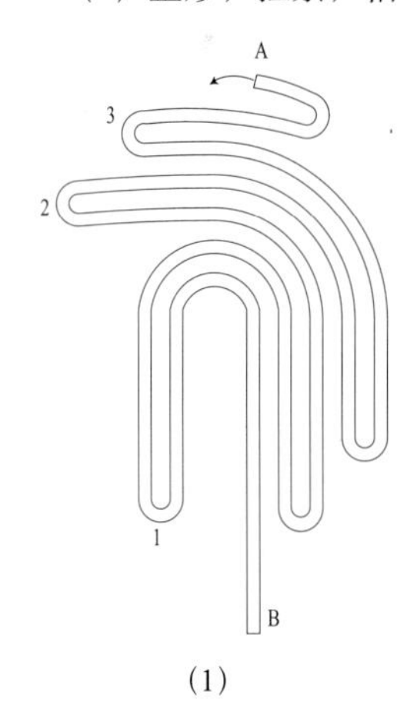

(1)

(2)

(3)

(4)

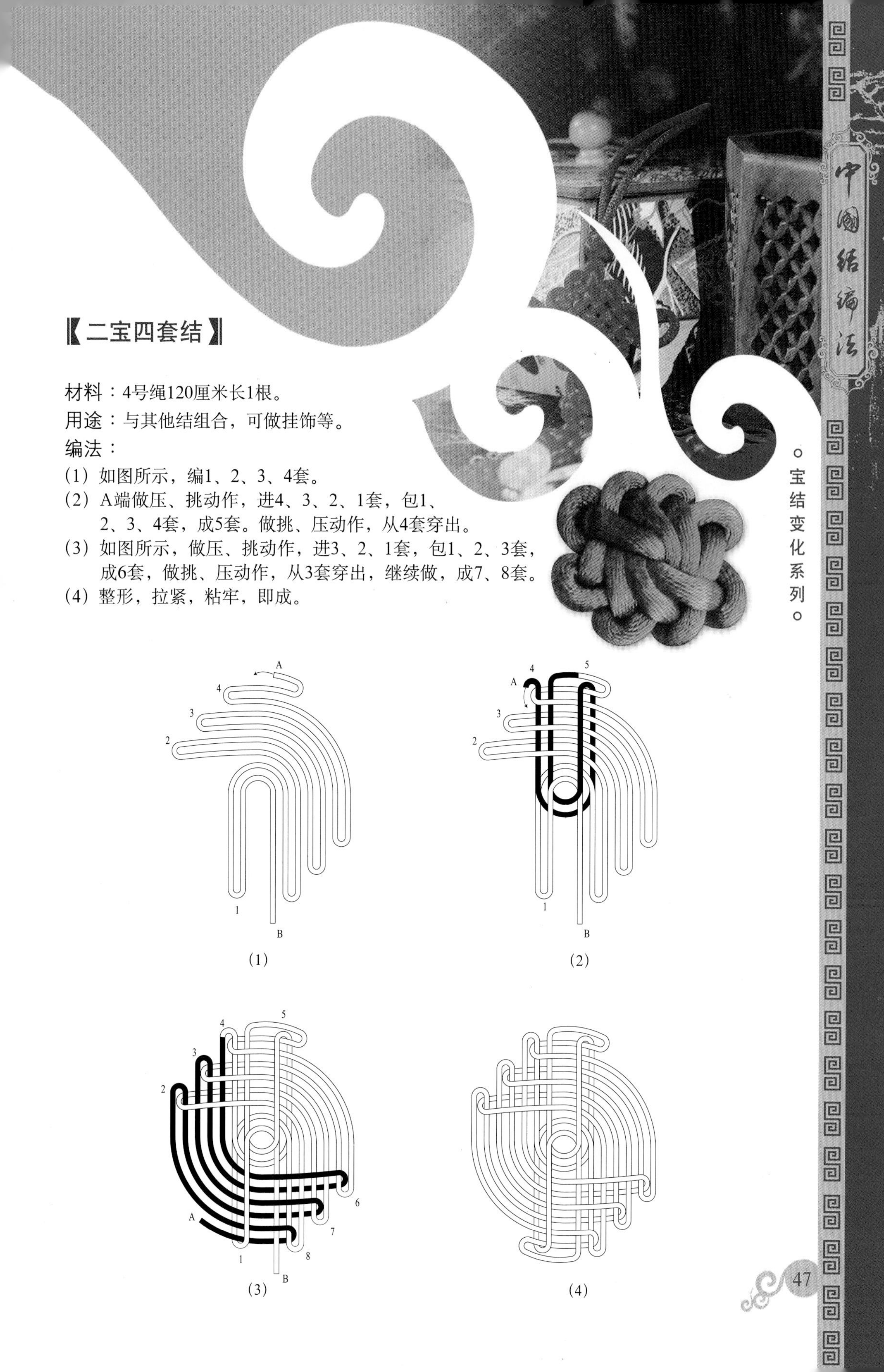

【二宝四套结】

材料：4号绳120厘米长1根。

用途：与其他结组合，可做挂饰等。

编法：

（1）如图所示，编1、2、3、4套。

（2）A端做压、挑动作，进4、3、2、1套，包1、2、3、4套，成5套。做挑、压动作，从4套穿出。

（3）如图所示，做压、挑动作，进3、2、1套，包1、2、3套，成6套，做挑、压动作，从3套穿出，继续做，成7、8套。

（4）整形，拉紧，粘牢，即成。

【三宝五套结】

材料：4号绳160厘米长1根。

用途：与其他结组合，可编挂饰、发夹等。

编法：

(1) 如图所示，编1、2、3、4、5套。

(2) A端做挑、压动作，进5、4、3、2、1套，成6套；进4、3、2、1套，成7套；进3、2、1套，成8套；进2、1套，成9套；进1套，成10套。

(3) A端做挑、压动作，进10、9、8、7、6套，包5、4、3、2、1套，成11套；进9、8、7、6套，包4、3、2、1套，成12套；进8、7、6套，包3、2、1套，成13套；进7、6套，包2、1套，成14套；进6套，包1套，成15套。

(4) 整形，拉紧，将两绳头粘牢，藏于结体内，即成。

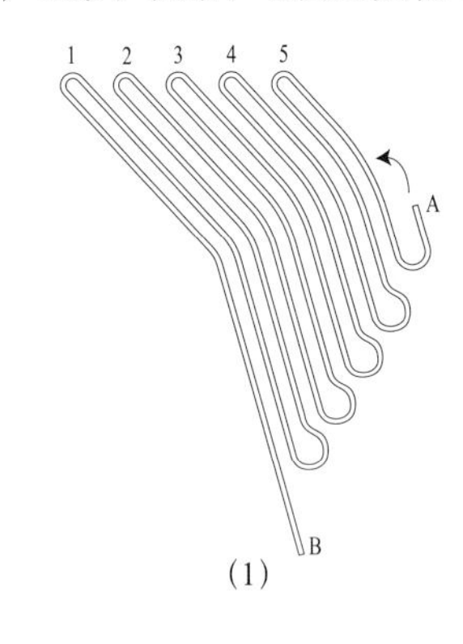

(1)

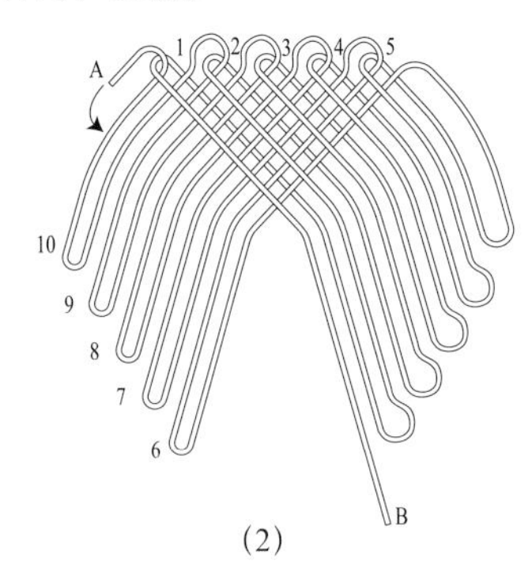

(2)

(3)

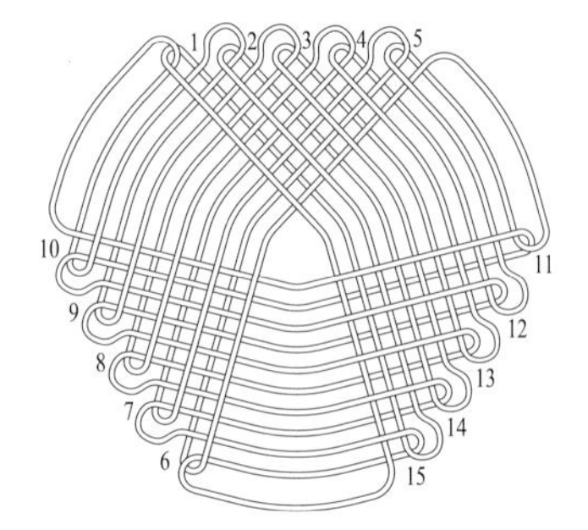

(4)

【四宝三套结】

材料：4号绳80厘米长1根。

用途：与其他结组合，可做挂饰等。

编法：

（1）如图所示，编1、2、3套。

（2）A端做压、挑动作，即成4、5、6套。

（3）如图所示，A端做压、挑动作并回穿，成7、8、9套。

（4）A端继续做压、挑动作，包套1、2、3套，做挑、压动作并回穿，成10、11、12套。

（5）整形，拉紧，将两绳头粘牢，藏于结体内，即成。

【四宝四套结】

材料：4号绳120厘米长1根。

用途：与其他结组合，可做挂饰等。

编法：

（1）如图所示，编1、2、3、4套。

（2）A端做压、挑动作，即成5、6、7、8套。

（3）如图所示，A端做压、挑动作并回穿，成9、10、11、12套。

（4）A端继续做压、挑动作，并包套1、2、3、4套，做挑、压动作并回穿，成13、14、15、16套。

（5）整形，拉紧，将两绳头粘牢，藏于结体内，即成。

（1）

（2）

（3）

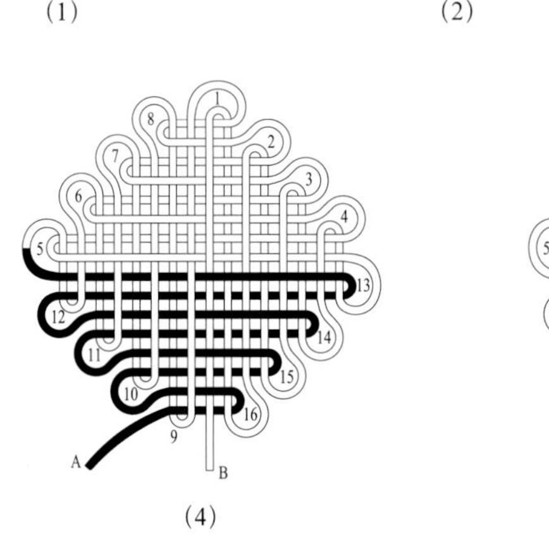

（4）

（5）

【五耳单戒箍结】

材料：4号绳40厘米长1根。

用途：与其他结组合，可做花瓣及其他饰物等。

编法：

(1) A端绕B端做环。

(2) 如图所示，A端做压、挑动作，穿出。

(3) 如图所示，A端继续做压、挑动作，穿出。

(4) 整形，拉紧，将两绳头粘牢，藏于结体内，即成。

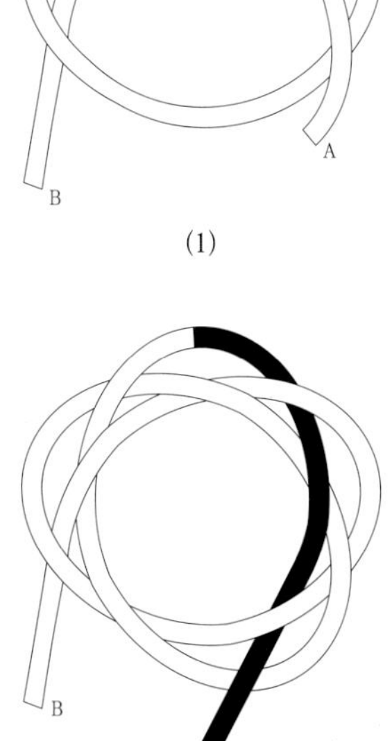

(1)

(3)

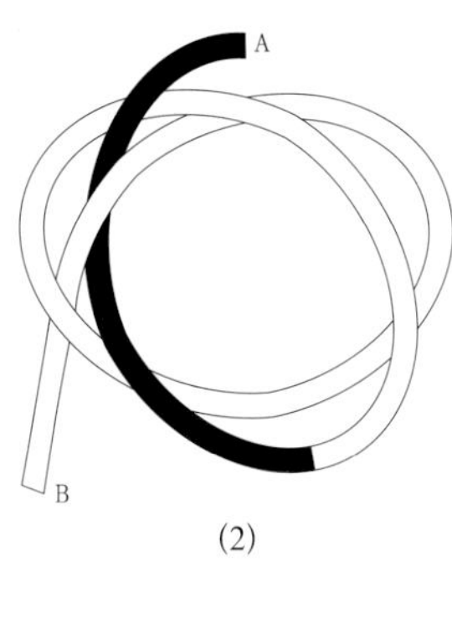

(2)

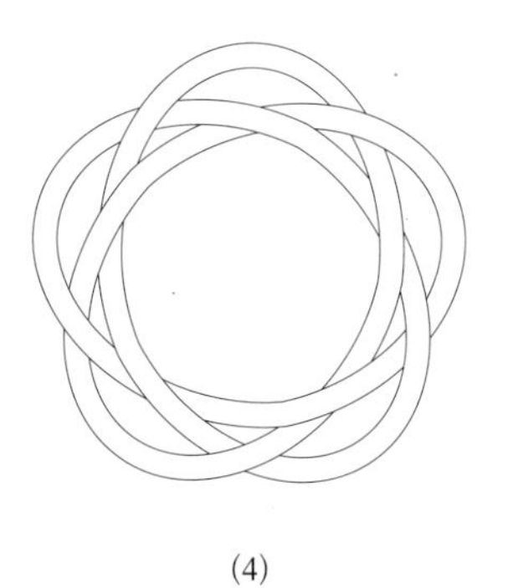

(4)

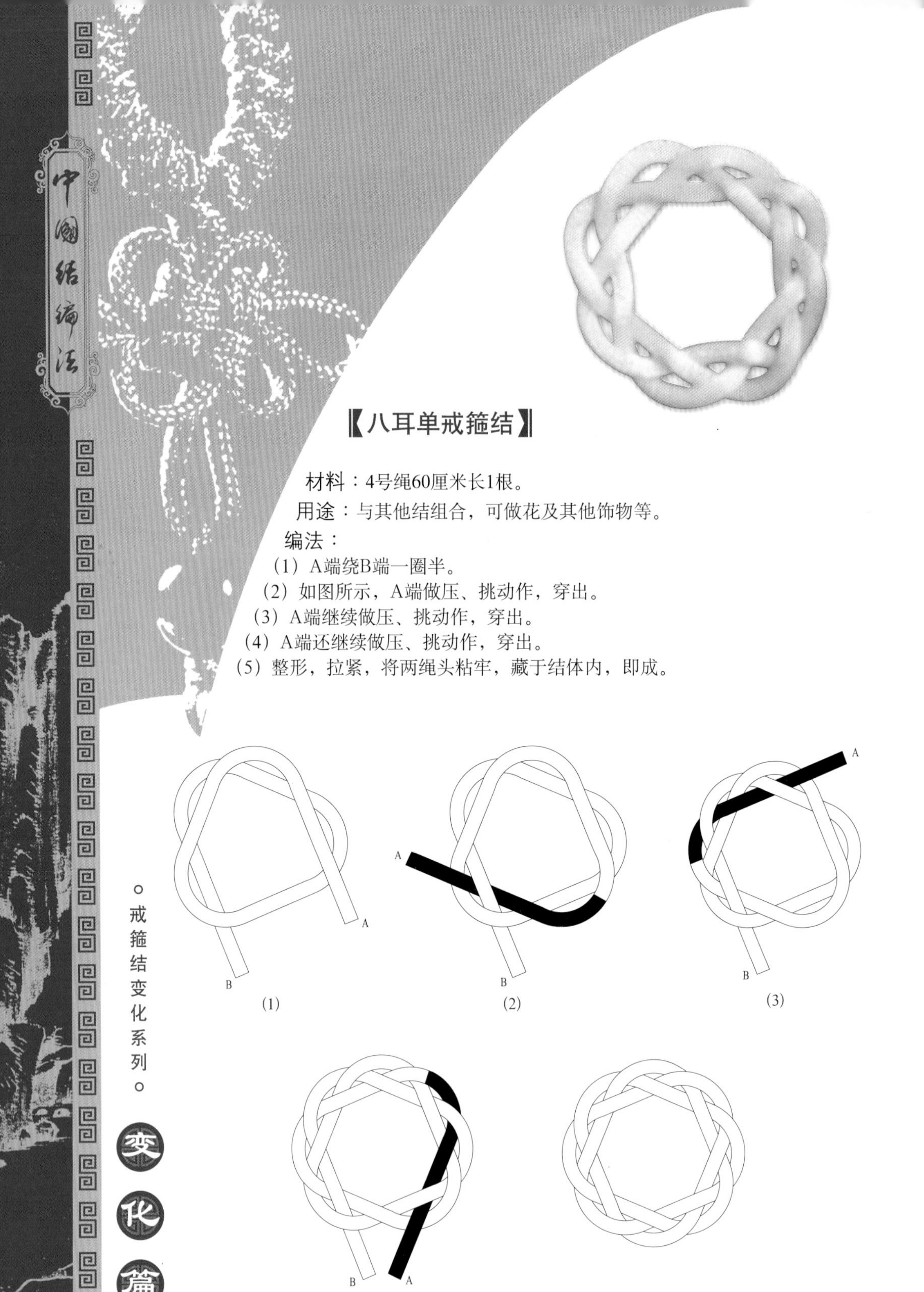

【八耳单戒箍结】

材料：4号绳60厘米长1根。

用途：与其他结组合，可做花及其他饰物等。

编法：

（1）A端绕B端一圈半。

（2）如图所示，A端做压、挑动作，穿出。

（3）A端继续做压、挑动作，穿出。

（4）A端还继续做压、挑动作，穿出。

（5）整形，拉紧，将两绳头粘牢，藏于结体内，即成。

【五耳双戒箍结】

材料：4号绳60厘米长1根。

用途：可编梅花；与其他结组合，可做饰物等。

编法：

(1) 如图所示，B端绕A端做环，穿出。

(2) A端从B端后面做挑、压动作，穿出。

(3) 如图所示，B端做压、挑动作，穿出。

(4) 整形，拉紧，将两绳头粘牢，即成。

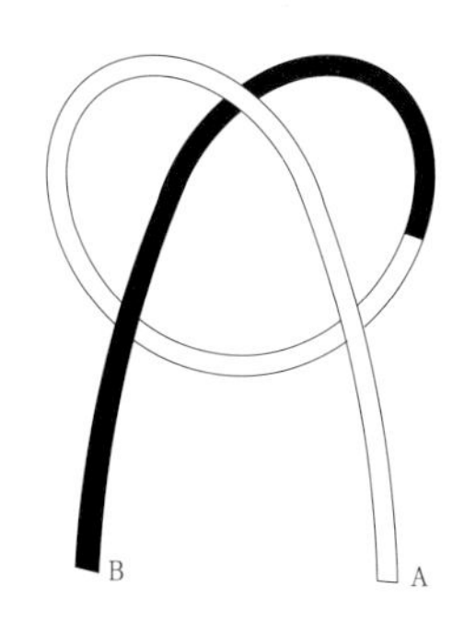

(1)

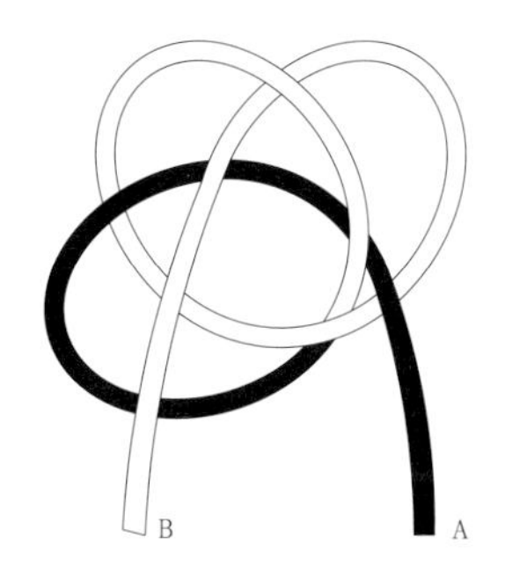

(2)

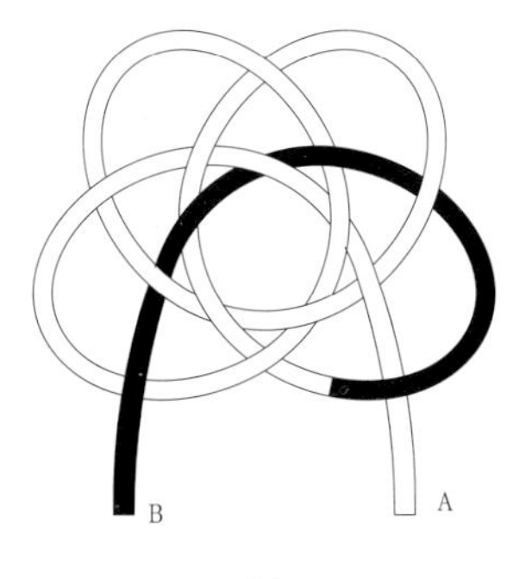

(3)

(4)

【四耳三戒箍结】

材料：4号绳70厘米长1根。

用途：与其他结组合，可编挂饰等。

编法：

（1）如图所示，A端绕B端做环，穿出。

（2）A端做挑、压动作，穿出。

（3）A端做挑、压动作，穿出。

（4）整形，拉紧，将两绳头粘牢，即成。

A B

(1)

A B

(2)

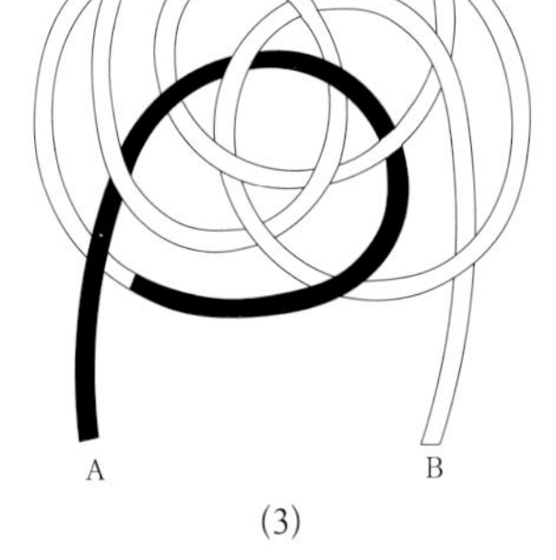

(3)

(4)

【五耳三戒箍结】

材料：4号绳90厘米长1根。
用途：与其他结组合，可做饰物等。
编法：
（1）如图所示，A端绕B端做环，穿出。
（2）A端做压、挑动作，穿出。
（3）A端做挑、压动作，穿出。
（4）A端做压、挑动作，穿出。
（5）整形，拉紧，将两绳头粘牢，即成。

(4)　　(5)

【六耳三戒箍结】

材料：4号绳120厘米长1根。

用途：与其他结组合，可做饰物等。

编法：

（1）如图所示，A端绕B端一圈，做挑、压动作，穿出。

（2）A端做挑、压动作，穿出。

（3）A端做挑、压动作，穿出。

（4）A端做挑、压动作，穿出。

（5）A端做挑、压动作，穿出。

（6）整形，拉紧，将两绳头粘牢，即成。

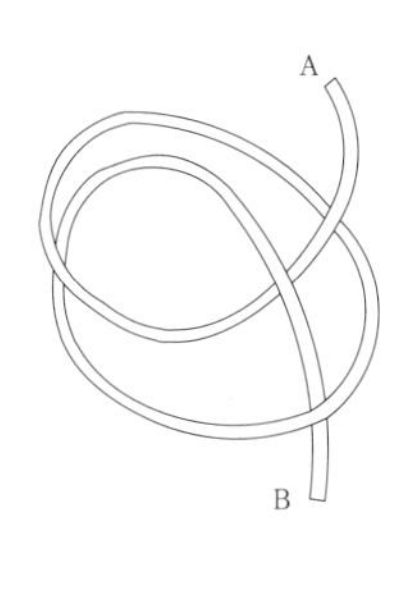

(1)

(2)

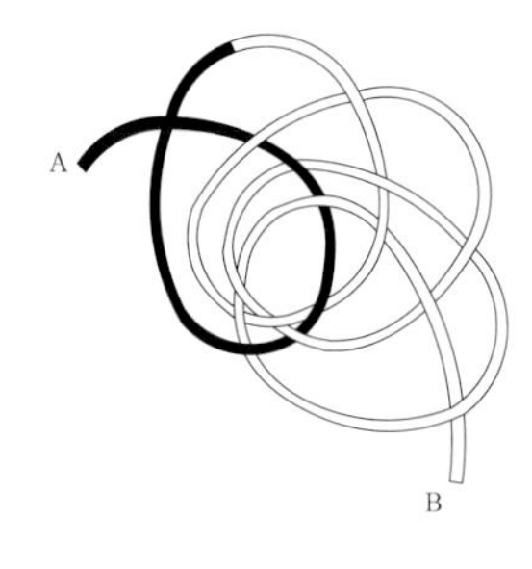

(3)

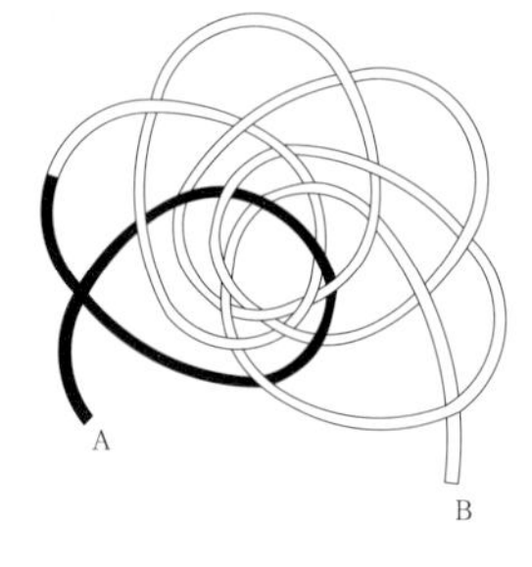

(4)

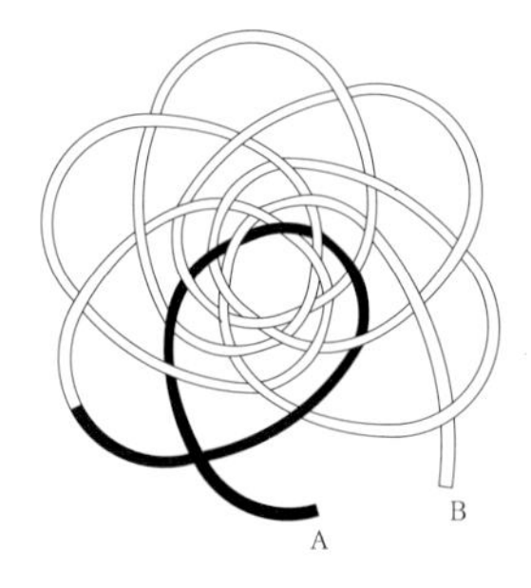

(5)

(6)

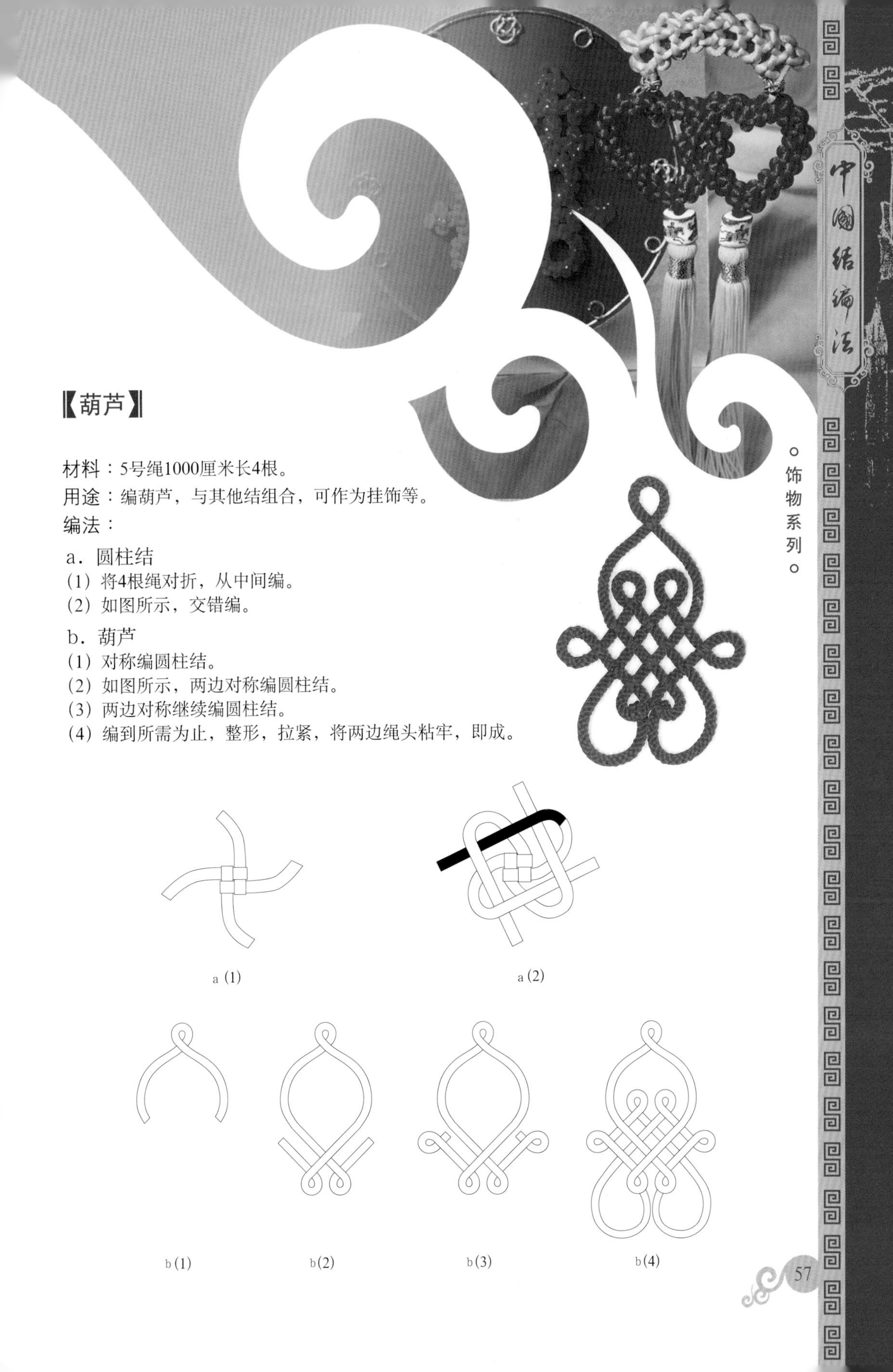

【葫芦】

材料：5号绳1000厘米长4根。

用途：编葫芦，与其他结组合，可作为挂饰等。

编法：

a．圆柱结

(1) 将4根绳对折，从中间编。

(2) 如图所示，交错编。

b．葫芦

(1) 对称编圆柱结。

(2) 如图所示，两边对称编圆柱结。

(3) 两边对称继续编圆柱结。

(4) 编到所需为止，整形，拉紧，将两边绳头粘牢，即成。

【彩蝶】

材料：4号绳1800厘米长4根，金黄色绳1500厘米长1根。

用途：编彩蝶，可作为饰物等。

编法：

（1）取1根金黄色绳对折作主轴，在其中心挂4根绳，编斜卷结。

（2）金黄色绳留着，另4根绳由下往上，依次做轴心，如图所示，编斜卷结，即成为彩蝶的右翅。

（3）如图所示，编右翅的下半部分，轴心绳由后往前，下边的绳由前往后勾连。左翅编法同（2）～（3）。

（4）下边两绳与金黄色绳往上编平结（七回），留下一截做蝶须，粘牢，即成。

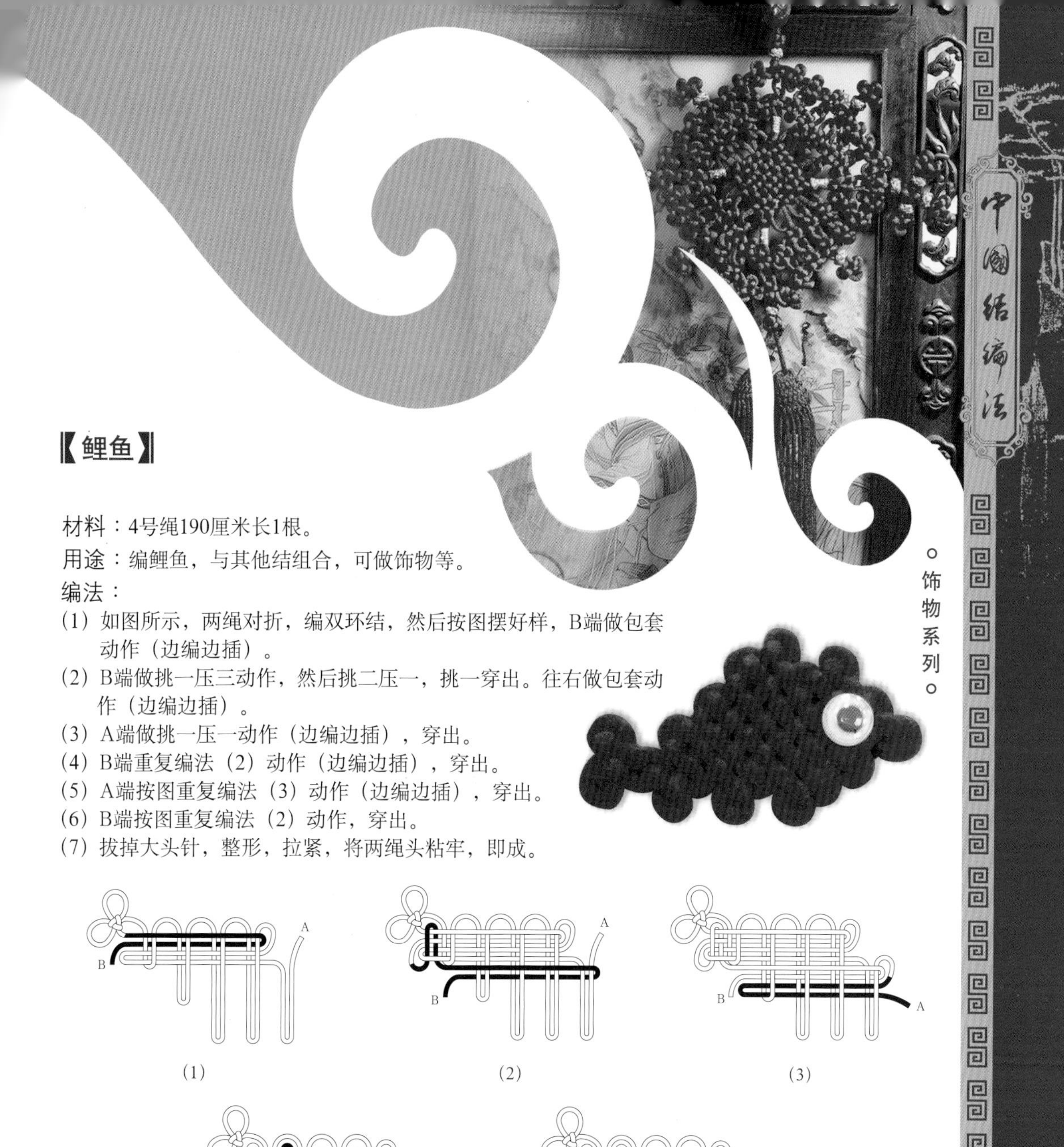

【鲤鱼】

材料：4号绳190厘米长1根。

用途：编鲤鱼，与其他结组合，可做饰物等。

编法：

(1) 如图所示，两绳对折，编双环结，然后按图摆好样，B端做包套动作（边编边插）。

(2) B端做挑一压三动作，然后挑二压一，挑一穿出。往右做包套动作（边编边插）。

(3) A端做挑一压一动作（边编边插），穿出。

(4) B端重复编法（2）动作（边编边插），穿出。

(5) A端按图重复编法（3）动作（边编边插），穿出。

(6) B端按图重复编法（2）动作，穿出。

(7) 拔掉大头针，整形，拉紧，将两绳头粘牢，即成。

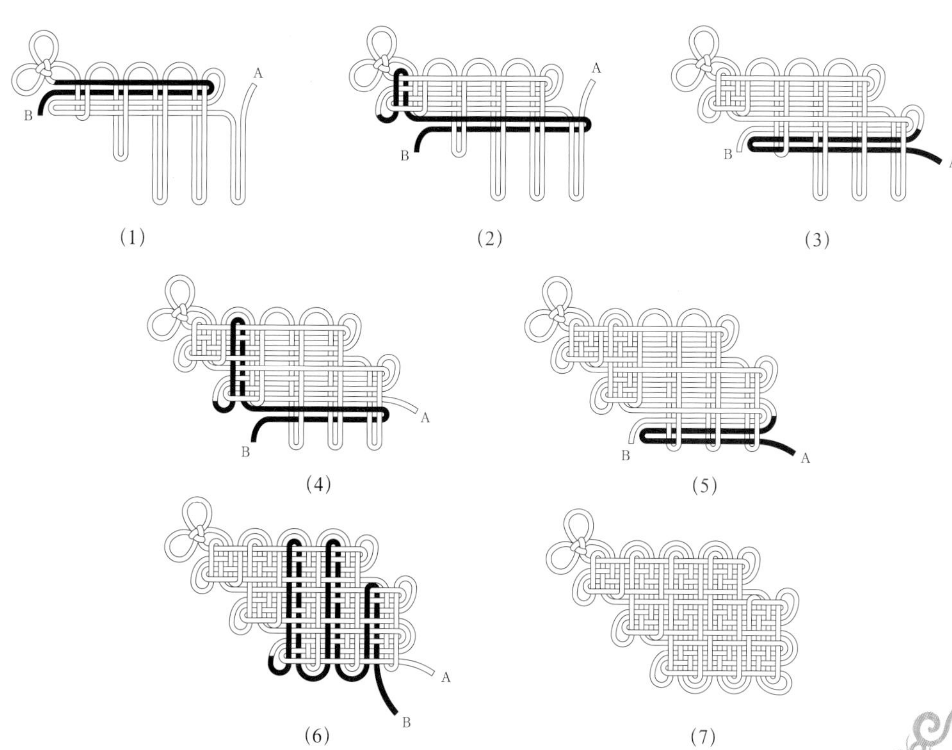

【桃】

材料：4号绳1200厘米长13根（桃子色），4号绳800厘米长8根（绿色）。

用途：编桃子，可作钥匙链、饰物等。

编法：

（1）如图所示，将1根1200厘米长的4号绳作轴心，再拿12根4号绳，左右各6根对折后，编斜卷结。

（2）如图所示，拿右边第1根绳当轴，左绳为活动绳依次编斜卷结（六回），再拿左边第1根绳当轴，右绳为活动绳依次编斜卷结（五回）。

（3）以右边绳为轴心，与右边绳各编斜卷结（三回）；以左边绳为轴心，与左边绳各编斜卷结（三回）。另一边做法如（1）~（3）。

（4）两边合体时，依次由头往下（如图所示）编斜卷结，将余绳塞入桃体内。

（5）将1根绿绳对折，其余3根对折，编斜卷结，然后如图所示，编斜卷结。

（6）另一面同编法（5），然后将两片叶子对齐。

（7）以最外侧的两根绳为轴，依次编斜卷结，整形，拉紧，粘牢。

用绿色余绳做挑蒂，从桃体的起点（两端）穿过后，编双扣结固定，绳尾双股绕好，固定在叶片后面。

(1)　　(2)　　(3)

中国结编法
饰物系列
(4)
(5)
(6)
(7)

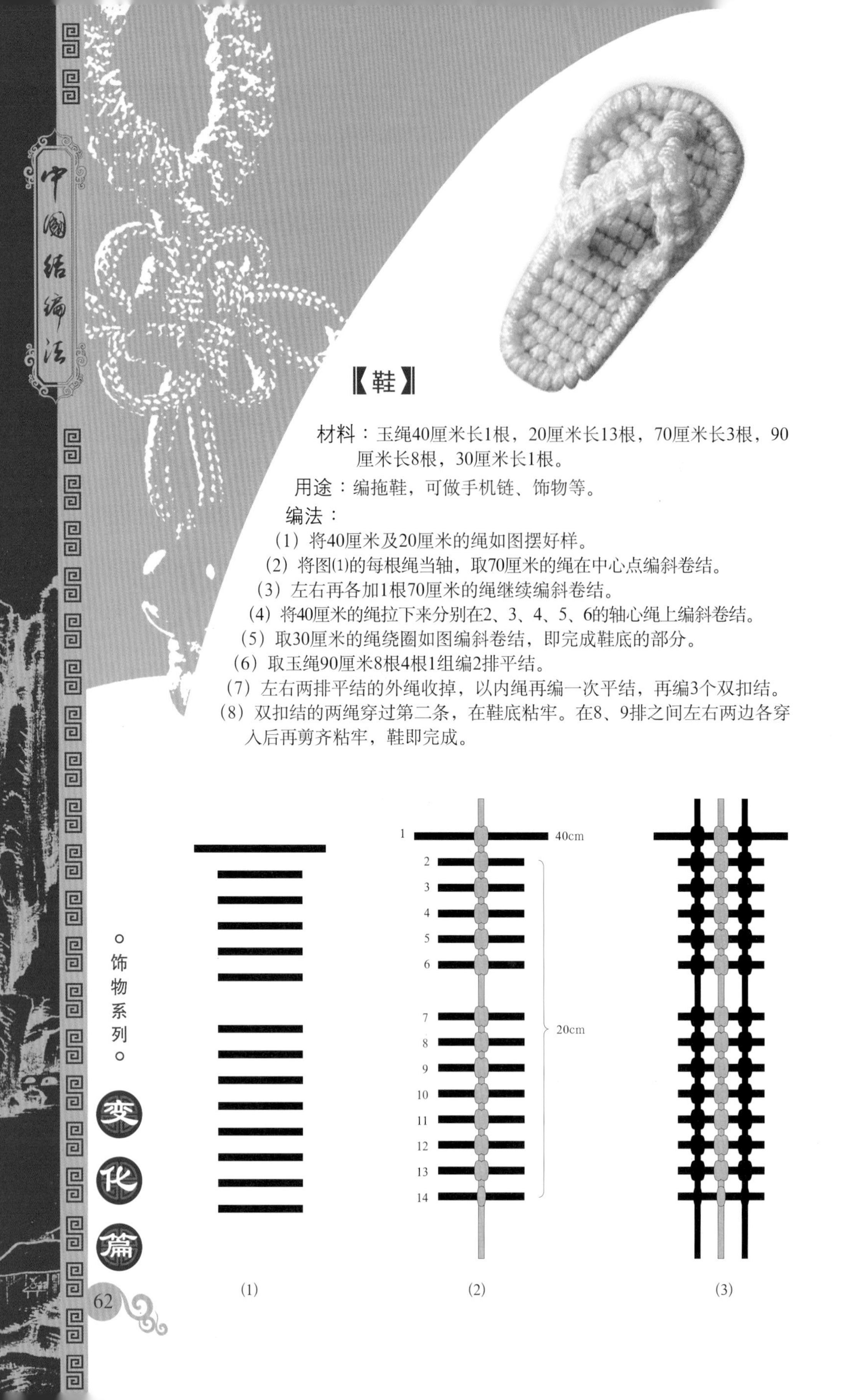

【鞋】

材料：玉绳40厘米长1根，20厘米长13根，70厘米长3根，90厘米长8根，30厘米长1根。

用途：编拖鞋，可做手机链、饰物等。

编法：

（1）将40厘米及20厘米的绳如图摆好样。

（2）将图⑴的每根绳当轴，取70厘米的绳在中心点编斜卷结。

（3）左右再各加1根70厘米的绳继续编斜卷结。

（4）将40厘米的绳拉下来分别在2、3、4、5、6的轴心绳上编斜卷结。

（5）取30厘米的绳绕圈如图编斜卷结，即完成鞋底的部分。

（6）取玉绳90厘米8根4根1组编2排平结。

（7）左右两排平结的外绳收掉，以内绳再编一次平结，再编3个双扣结。

（8）双扣结的两绳穿过第二条，在鞋底粘牢。在8、9排之间左右两边各穿入后再剪齐粘牢，鞋即完成。

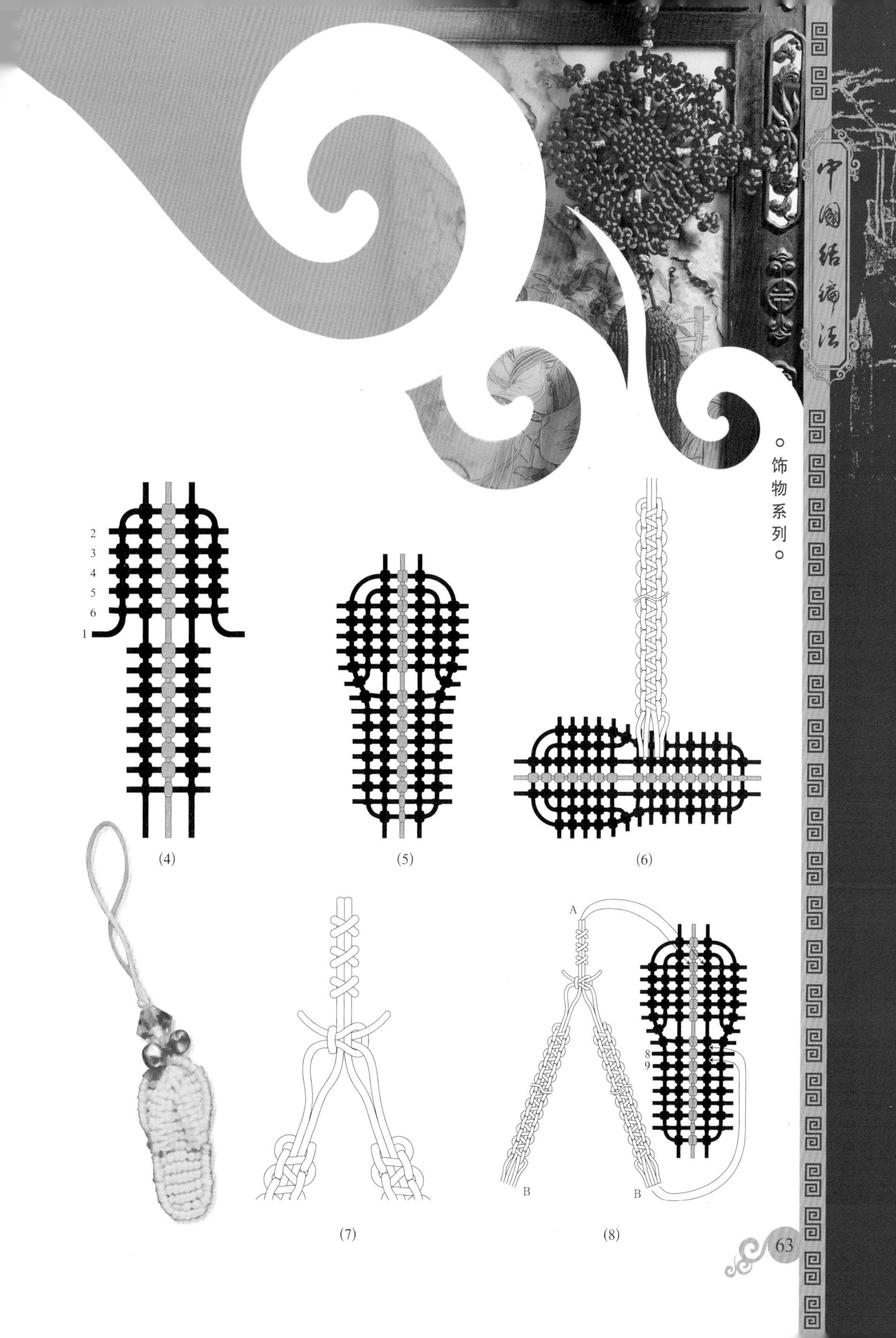

(4) (5) (6)

(7) (8)

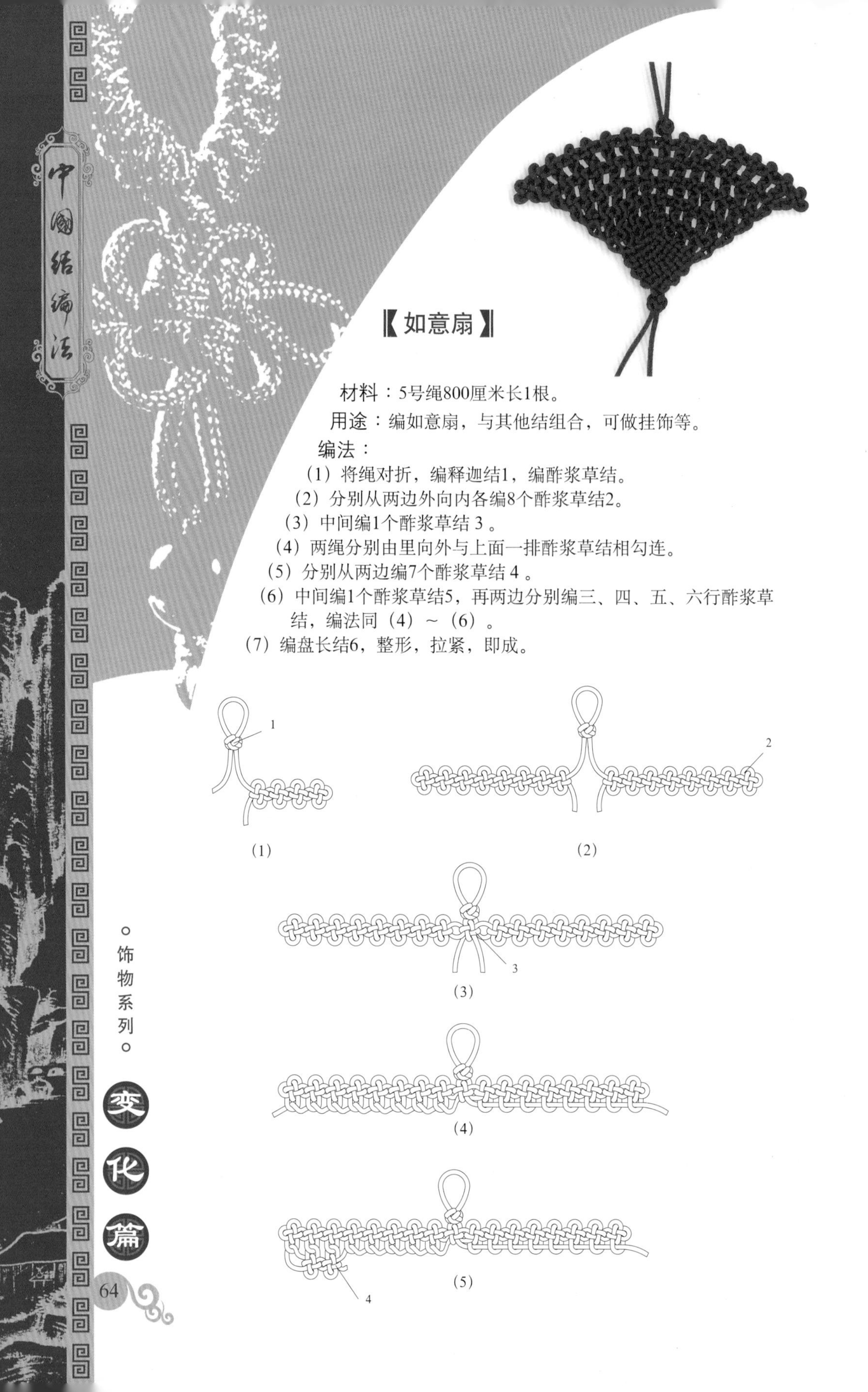

【如意扇】

材料：5号绳800厘米长1根。

用途：编如意扇，与其他结组合，可做挂饰等。

编法：

（1）将绳对折，编释迦结1，编酢浆草结。

（2）分别从两边外向内各编8个酢浆草结2。

（3）中间编1个酢浆草结 3 。

（4）两绳分别由里向外与上面一排酢浆草结相勾连。

（5）分别从两边编7个酢浆草结 4 。

（6）中间编1个酢浆草结5，再两边分别编三、四、五、六行酢浆草结，编法同（4）～（6）。

（7）编盘长结6，整形，拉紧，即成。

(1)

(2)

(3)

(4)

(5)

(6)

(7)

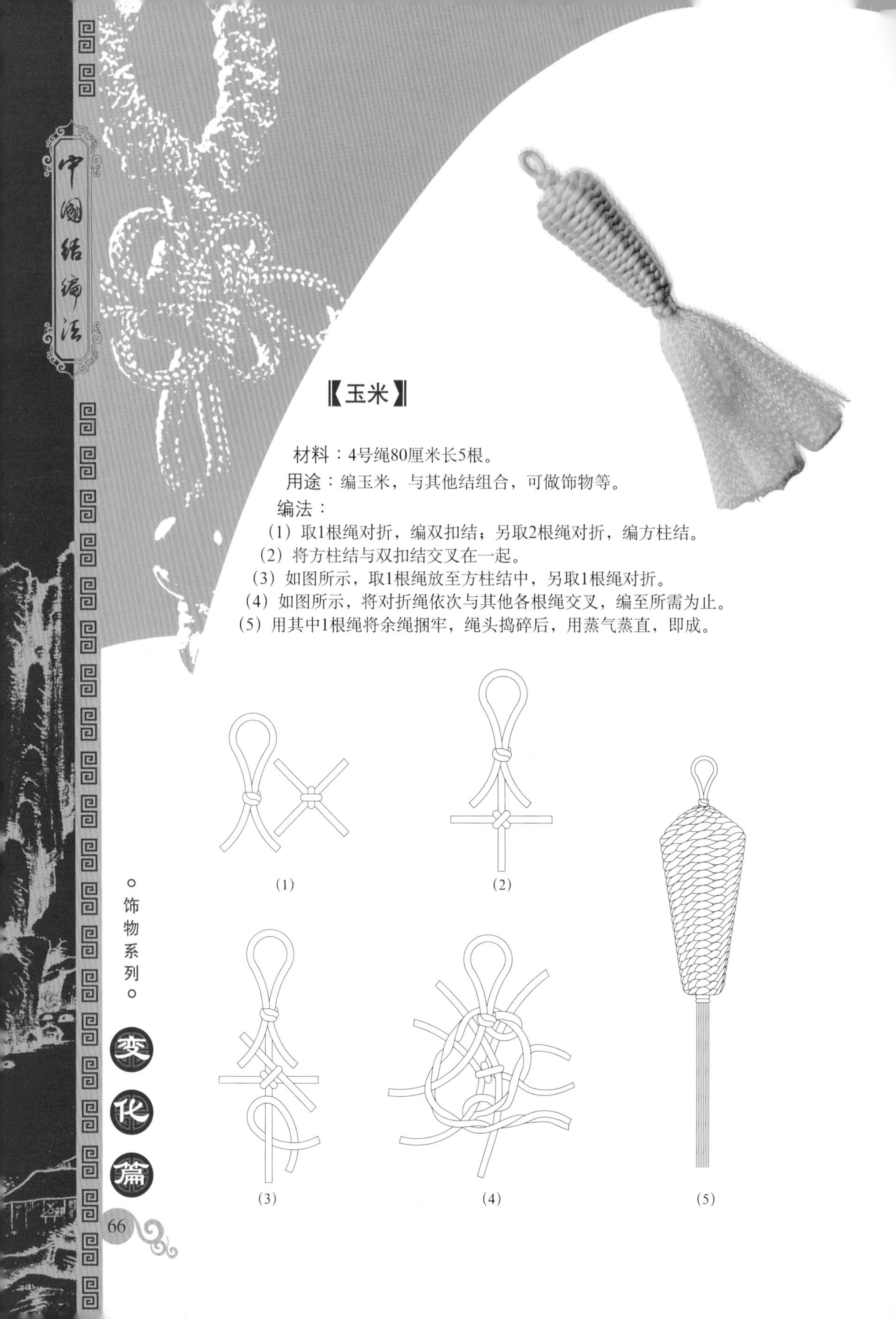

【玉米】

材料：4号绳80厘米长5根。

用途：编玉米，与其他结组合，可做饰物等。

编法：

（1）取1根绳对折，编双扣结；另取2根绳对折，编方柱结。

（2）将方柱结与双扣结交叉在一起。

（3）如图所示，取1根绳放至方柱结中，另取1根绳对折。

（4）如图所示，将对折绳依次与其他各根绳交叉，编至所需为止。

（5）用其中1根绳将余绳捆牢，绳头捣碎后，用蒸气蒸直，即成。

(1) (2) (3) (4) (5)

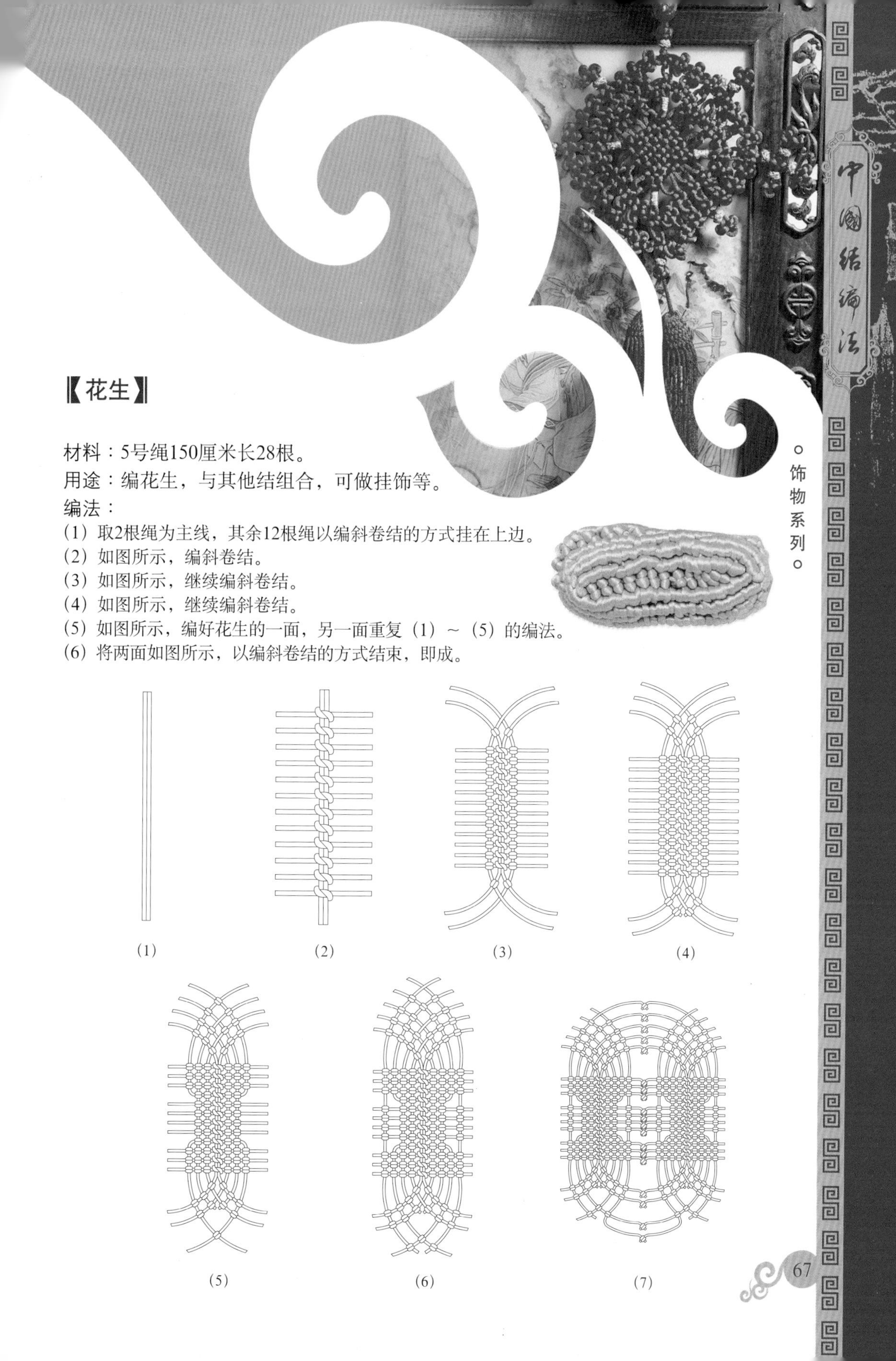

【花生】

材料：5号绳150厘米长28根。

用途：编花生，与其他结组合，可做挂饰等。

编法：

(1) 取2根绳为主线，其余12根绳以编斜卷结的方式挂在上边。
(2) 如图所示，编斜卷结。
(3) 如图所示，继续编斜卷结。
(4) 如图所示，继续编斜卷结。
(5) 如图所示，编好花生的一面，另一面重复（1）~（5）的编法。
(6) 将两面如图所示，以编斜卷结的方式结束，即成。

(1) (2) (3) (4)

(5) (6) (7)

【寿】

材料：5号绳90厘米长1根。

用途：与其他结组合，可做饰物等。

编法：

（1）如图所示，将绳对折，先编双扣结，然后编酢浆草结。

（2）两边各编1个双环结。

（3）中间编酢浆草结，整形，拉紧。

（4）中间编酢浆草结。

（5）两边再各编1个双环结。

（6）中间编酢浆草结。

（7）中间再编1个酢浆草结。

（8）编双扣结，整形，拉紧，即成。

(1)

(2)

(3)

(4)

(5)

(6)

(7)

(8)

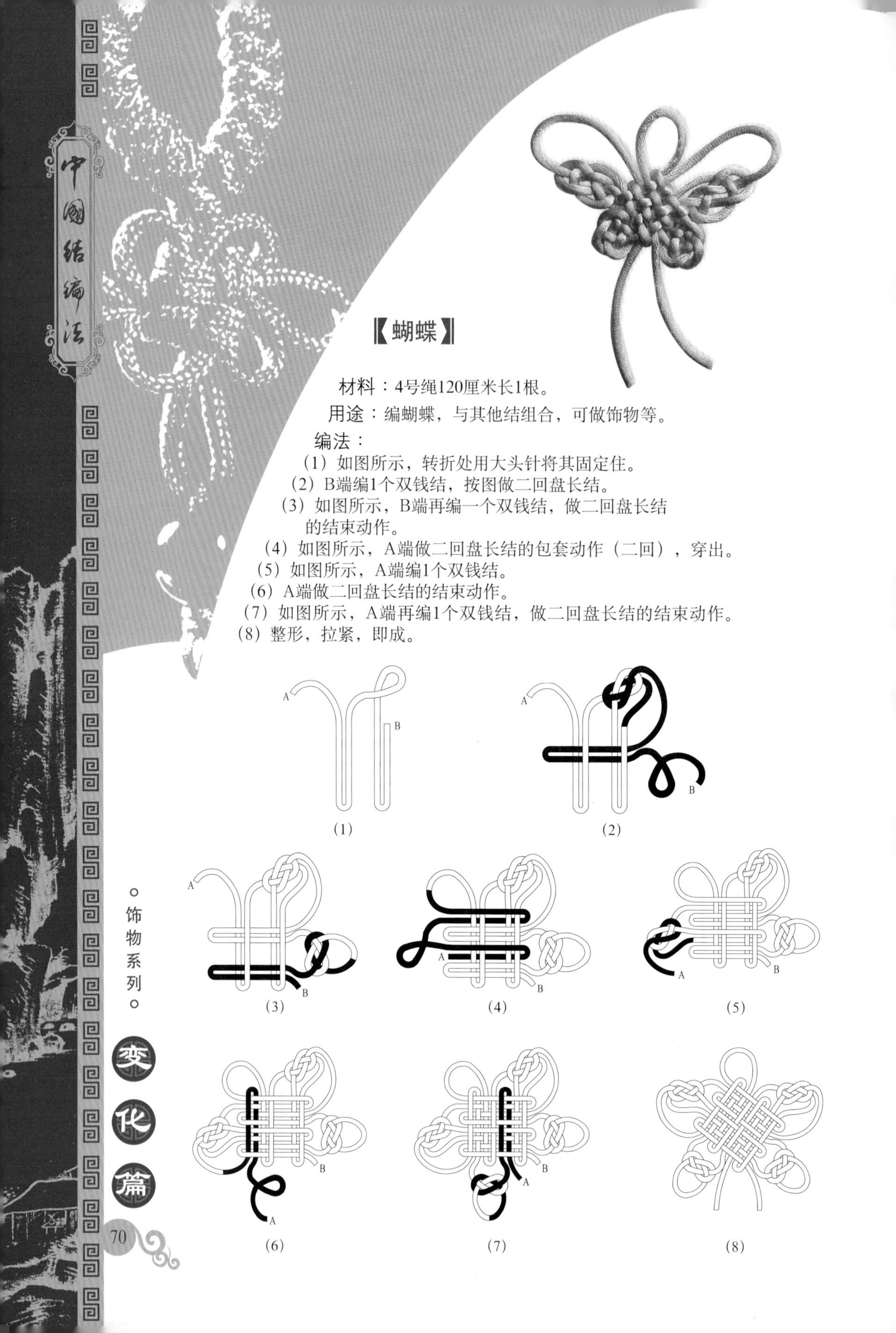

【蝴蝶】

材料：4号绳120厘米长1根。

用途：编蝴蝶，与其他结组合，可做饰物等。

编法：

(1) 如图所示，转折处用大头针将其固定住。

(2) B端编1个双钱结，按图做二回盘长结。

(3) 如图所示，B端再编一个双钱结，做二回盘长结的结束动作。

(4) 如图所示，A端做二回盘长结的包套动作（二回），穿出。

(5) 如图所示，A端编1个双钱结。

(6) A端做二回盘长结的结束动作。

(7) 如图所示，A端再编1个双钱结，做二回盘长结的结束动作。

(8) 整形，拉紧，即成。

(1) (2) (3) (4) (5) (6) (7) (8)

中國结编法
组合

【平安如意】

中国结编法
挂饰
【葫芦寿】
【寿】

【年年有余】

【双喜临门】

【玉米】
【花生】

【如意扇】

【孔雀开屏】

【玫瑰花】

【福星高照】
【春色满园】

【一路顺畅】

【平平安安】

中国结编法
【一路顺风】
【吉祥如意】
车饰
组
合
篇

中国结编法
车饰
【四季平安】
【招财进宝】
福

【龟钥匙链】

【桃钥匙链】

【幸运珠钥匙链】
【蝴蝶钥匙链】

【项　　链】

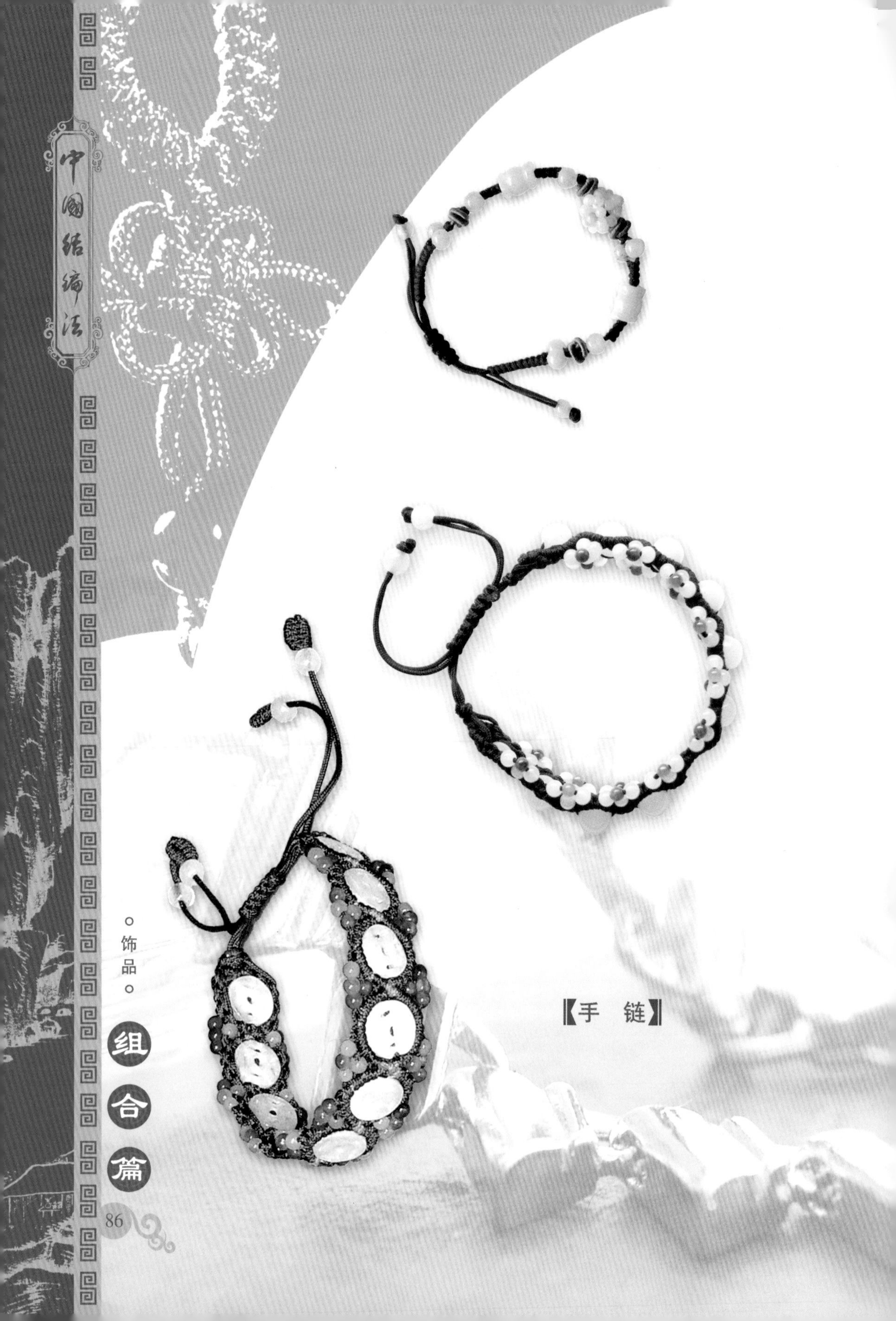

【手　链】

【发　饰】

【戒 指】

【耳 环】